新版 なぞとき 恐竜大行進 ⑨

たかしよいち 文
中山けーしょー 絵

メガロサウルス

世界で初めて見つかった肉食獣

理論社

もくじ

←この角をパラパラめくると
ページのシルエットが動くよ。

ものがたり

のろまなメガロ

きょうりゅうの運動会《うんどうかい》

みどりのしげみから、いっせいに
メガロサウルスの子《こ》どもたちが、かけだした。
頭《あたま》を前《まえ》につき出《だ》し、しっぽをピョンとうしろに
はねあげながら、メガロサウルスのちびたちはかける。
そのまわりで、メガロサウルスの親《おや》たちが、
目玉《めだま》をギョロギョロさせて見《み》つめている。
「ゴッ！　ゴッ！」

「ゴッ！　ゴッ！」
親《おや》たちは大声《おおごえ》を出《だ》して、子《こ》どもたちに
はっぱをかけ、はげました。
いまから一億《おく》三千《ぜん》万《まん》年《ねん》も大《おお》むかしの、
きょうりゅうの運動会《うんどうかい》だ。
なんだって？　きょうりゅうの
運動会《うんどうかい》なんてあったのかって……？
もちろん、いま、きみたちが
やっているような運動会《うんどうかい》とは、
ちょっとわけがちがう。

だいいち、運動会《うんどうかい》なんて名《な》まえはないし、
それにスタートもなければゴールもない。
だれか一ぴきが走《はし》りだせば、
みんながそれにならって
ダーッ！　と走《はし》りだすからだ。

きょうりゅうたちは、ちびの
ころから、こうやってしぜんに、
走《はし》るくんれんをするのだ。

肉《にく》を食《た》べるきょうりゅうは、足《あし》が速《はや》くなければ、えものをつかまえることはできない。
えものがつかまらなければ、しょっちゅう、おなかはぺこぺこだ。

のろまなメガロ

さて、二〇ぴきもいるメガロサウルスの子《こ》どもの中《なか》に、いつ走《はし》っても、いちばんびりっこになってしまう、ドジなやつがいた。

そいつの名《な》まえを「のろまなメガロ」とよぶことにしよう。

のろまなメガロは、人間《にんげん》の子《こ》どもにたとえれば、小学《しょうがく》二年生《ねんせい》ってところだ。同《おな》じ年《とし》に生《う》まれたちびたちにくらべて、メガロは体《からだ》がだんぜんでかい。体《からだ》は大《おお》きいのに、弱《よわ》むしで、のろまだ。

だから、みんなからいつもばかにされている。

メガロはきょうも、いっしょうけんめい走《はし》った。なのに、いつものとおりどんじりだ。なかまのちびたちは、

どんどんどんどん先《さき》を走《はし》っていく。メガロは、みんなからずいぶんおくれて、ドタドタ……と、走《はし》ってきた。

「ゴッ！　ゴッ！　ゴッ！　ゴッ！」

メガロのかあちゃんは、大声《おおごえ》をはりあげて、メガロをどやしつけた。

人間《にんげん》のことばになおせば、「なによ、そのざまは！　もっと速《はや》く走《はし》れないの！」とでもいうところだ。

あっ！　メガロが、石《いし》につまずいてころんだ。

「いてーっ！」

メガロは、足《あし》をくじいて

立《た》ちあがれない。

なんてざまだ！

「ゴッ！　ゴッ！　ゴッ！　ゴッ！」

見《み》るに見《み》かねたかあちゃんは、頭《あたま》にきたとみえて、メガロのところにかけよってきた。

コツン！

かあちゃんは、口《くち》の先《さき》でメガロの頭《あたま》をつっついた。

「グアッ！（早《はや》く立《た》ちなさい！）」

のろまなメガロは、よろよろしながら立《た》ちあがった。

コツン！　コツン！　コツン！

かあちゃんは、おこっている。プンプンおこっている。

ほかのちびたちは、あんなに走《はし》るのに、自分《じぶん》のむすこの、

このざまはなんだ、というわけだ。

クゥーン！

メガロは、なさけない声《こえ》を出《だ》して、かあちゃんのほうを見《み》た。（そんなに、どやさなくてもいいじゃん。おれ、これでもいっしょうけんめい走《はし》ったんだぜ）

とでもいうように……。

メガロのくしゃみ

かあちゃんはプンプンおこって、えものをさがしにでかけた。のろまのメガロも、かあちゃんのあとからトコトコついていった。

シダの林《はやし》をぬってしばらく行《い》くと、かあちゃんは、ひょいと、立《た》ちどまった。鼻《はな》を空《そら》に向《む》けて、くんくん、においをかいだ。

とたんに、ギラッ！　と、おそろしいほど目玉《めだま》がひかった。かあちゃんはどうやら、えもののにおいを、かぎつけたらしい。

向《む》こうのほうから風《かぜ》にのって、えもののにおいが流《なが》れてきた。

メガロも、かあちゃんにならって、鼻《はな》を上《うえ》に向《む》け、くんくん、においをかいでみた。

だが、さっぱり、えもののにおいなんかしない。

もういちど、せいいっぱい鼻《はな》をふくらませ、においをかいだ。

とたんに、空《そら》をとんでいたアブが、メガロの鼻《はな》のあなにとびこんだ。

クッ……クシャン！

メガロは、くしゃみをした。アブは、くしゃみといっしょに、遠《とお》くへすっとばされた。

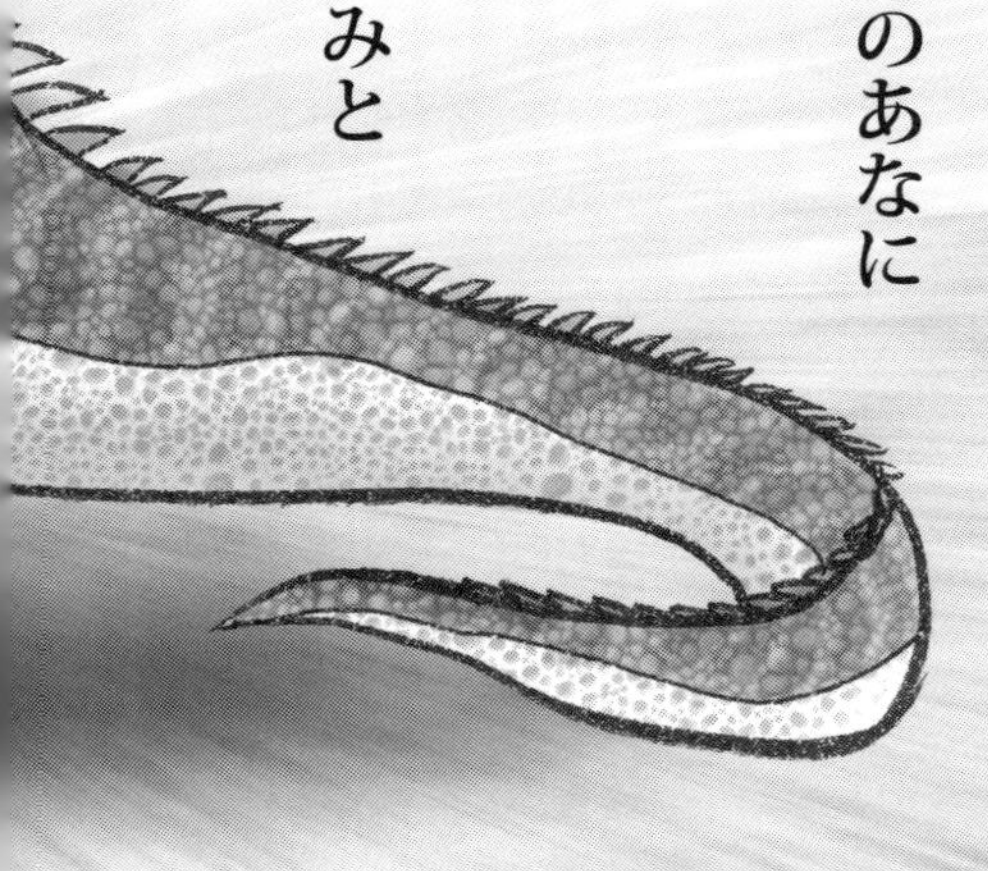

だが、そのくしゃみで、向《む》こうのしげみにいたえものが、首《くび》をのばしてまわりを見《み》た。そいつは、イグアノドンという、草《くさ》を食《た》べるきょうりゅうだ。

イグアノドンたちは、夕《ゆう》ごはんのまっさいちゅう。

二〇ぴきほどのむれが集《あつ》まって、せっせと草《くさ》を食《た》べていた。

もちろん、食事《しょくじ》のあいだは、ちゃんと見《み》はりがいる。

見《み》はりは、おそろしい敵《てき》がやって来《こ》ないかどうか、ずっと見《み》はりをつづけている。

クシャン！

という、かすかな音《おと》に、見《み》はりが気《き》づいたのだ。

それはメガロのくしゃみだった。

イグアノドンの見《み》はりは、はっとして、そっちを見《み》た。

「クーッ！（ようじんしろ！）」

見《み》はりは、草《くさ》を食《た》べているなかまに向《む》かって、
けいかいのあいずをおくった。

ドジなメガロ

せっかく見《み》つけたえものを、
のがしてたまるもんか！

メガロのかあちゃんは、
ダーッ！　と、しげみから
とび出《だ》した。
のろまなメガロも、
かあちゃんの
あとから
とび出《だ》した。
「クワーッ！（敵《てき》だぞ！）」
イグアノドンの見《み》はりは、
大声《おおごえ》でがなりたてた。

その声《こえ》に、
草《くさ》を食《た》べていた
イグアノドンたちは、
いっせいににげだした。
イグアノドンたちは、
にげるとき、ばらばらに、
にげるわけではない。
ちゃんとかしらがいて、
そいつのあとについてにげる。
かしらは、おすの年《とし》よりだ。

長《なが》いあいだのけいけんで、どっちににげたらいちばん安全《あんぜん》か、ちゃんと知《し》っている。

イグアノドンたちは、そいつのあとについて、どんどんにげた。

メガロのかあちゃんは、そいつらのあとを、まっしぐらに追《お》いかけた。

かあちゃんの足《あし》は、速《はや》い。

なんとかして、こんばんの食事《しょくじ》にありつかなきゃならないんだから、かあちゃんはひっしだ。

メガロも、かあちゃんのあとについて走《はし》った。

だが、とてもとても、のろまなメガロの走《はし》り方《かた》じゃ、かあちゃんについていけっこない。

あっというまに、かあちゃんのすがたを見《み》うしなってしまった。

「クワーン！（かあちゃんよう！）」

のろまなメガロは、はあはあ息《いき》をはずませ、あたりを見《み》まわしながら、かあちゃんをよんだ。

だが、かあちゃんはどこへ

行《い》ってしまったのか、すがたが見《み》えない。

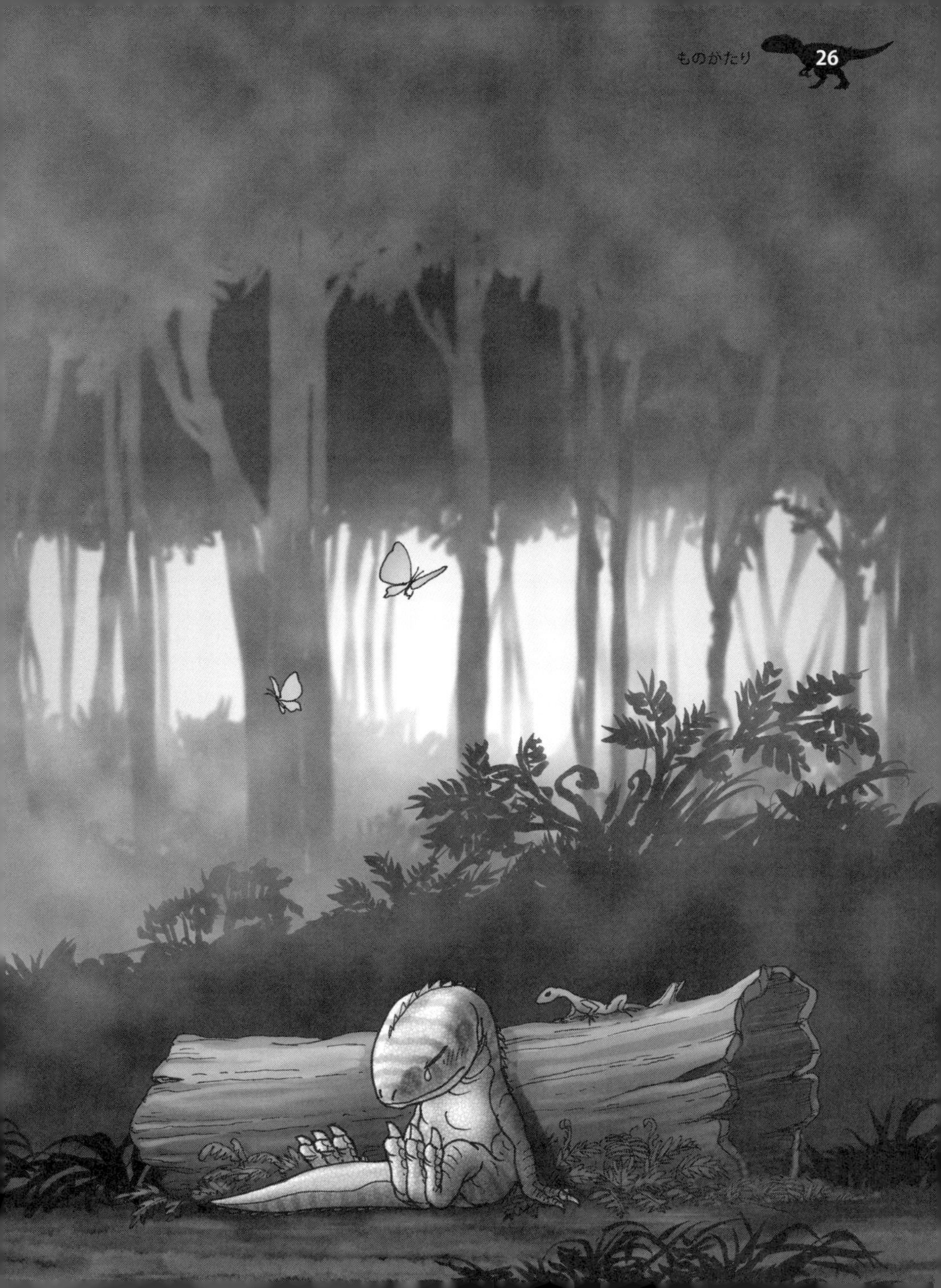

まわりは、だんだん暗《くら》くなってくるし、
おなかはぺこぺこ。
メガロは、さびしいやら、ひもじいやらで、
べそをかいた。
「クワーン！（かあちゃーん！）」
メガロは、なんどもなんども、かあちゃんをさがして
よびつづけた。
だが、こたえてくれるのは、さわさわと風《かぜ》にゆれて鳴《な》る、
木《こ》の葉《は》の音《おと》だけだ。
メガロはとうとう、しげみの中《なか》に、しゃがみこんでしまった。

そこへ、向《む》こうのほうから、かあちゃんがやって来《き》た。
かあちゃんはどうやら、えものをのがしたらしい。
かあちゃんは、プンプンおこっていた。メガロが、
あのとき、くしゃみさえしなかったら、かあちゃんは、
イグアノドンのえさにありつけたんだ。
「クワーン！（かあちゃーん！）」
かあちゃんにあえたメガロは、あまえ声《ごえ》を出《だ》した。
かあちゃんはそれにはこたえず、メガロのほうへ
大《おお》またで近《ちか》づくと、メガロの頭《あたま》を口《くち》の先《さき》で
コツン！ とつついた。このドジめ！

と、いわんばかりに……。
「キーッ！（いてえよーっ！）」
メガロは頭《あたま》をひっこめ、
ひめいをあげた。
（そうだ、なんておれは
ドジなやつなんだ！）
メガロはつくづく、自分《じぶん》がうらめしくなった。
かあちゃんはどんどん、ねぐらのほうへ帰《かえ》って
いく。
そのあとをメガロは、とぼとぼとついていった。

メガロのとうちゃん

なん日《にち》かたったある朝《あさ》、のろまなメガロが目《め》をさますと、
いつのまにか、とうちゃんが帰《かえ》っていた。
「クワーン！（とうちゃーん！）」
メガロは大《おお》よろこびで、とうちゃんの
そばにかけよった。
「コーッ！（元気《げんき》でいたか！）」
とうちゃんは、メガロの頭《あたま》を

やさしくなめた。

とうちゃんは、かあちゃんやメガロと、いつもいっしょにいるわけじゃない。ひょっこり帰《かえ》ってきて、またでかけていく。

メガロサウルスのおすは、いつもひとりぼっちで、はなれてくらしているんだ。

そしてときどき、めすや子《こ》どものいるところへ帰《かえ》ってくる。

「ゴー、ゴッ！　ゴッ！　ゴッ！（さあ、とうちゃんの前《まえ》で、かけてみろ）」

とうちゃんは、メガロに向《む》かっていった。

ようし！　とばかりに、メガロは力《ちから》いっぱいかけた。

「グァ！　グァ！　グァ！（だめだめ、その走《はし》り方《かた》はなっとらん。もっと、体《からだ》をひくくして走《はし》れ！）」

とうちゃんは、いっしょに走《はし》りながら、横《よこ》からメガロに、ちゅういした。

メガロは、とうちゃんにいわれるまま、しせいをひくくして走《はし》った。

（そうだ、そのちょうし、そのちょうしだ）

とうちゃんに教《おし》えてもらい、メガロはなんだか
スピードがぐんとついたように感《かん》じた。

やっぱり、とうちゃんはちがう。かあちゃんは、
ちっとも教《おし》えないで、おこってばかりいるんだもの。

「グォ！　グォ！　グォ！」

かあちゃんが、とうちゃんのところへやって来《き》て、
なにかいった。とたんにとうちゃんの目《め》が、キッ！
とひかった。

「グァー」

とうちゃんは、なにごとか、かあちゃんに向《む》かっていった。

「グォー！（えものをとりにいくぞ。ついてこい！）」

とうちゃんは、メガロに向《む》かっていった。

どうやらかあちゃんは、えもののいるところを、とうちゃんに教《おし》えたらしい。

かあちゃんもメガロも、前《まえ》にイグアノドンがりにしっぱいしてから、トカゲだのヘビだの、小《ちい》さいえものしか食《た》べていなかったので、おなかをすかしていた。

とうちゃんを先頭《せんとう》に、メガロ、そしてかあちゃんのじゅんで、

しげみの中《なか》を、ゆっくりと進《すす》んでいった。
頭《あたま》の上《うえ》には太陽《たいよう》が、かんかんにてりつけている。

もう、のろまなんかじゃない

先頭《せんとう》を行《い》くとうちゃんは、鼻先《はなさき》をあげて、くんくん、においをかいだ。

（いる、たしかにイグアノドンだ！）

とうちゃんは、すぐに相手《あいて》のにおいをかぎつけた。

そして、うしろから来《く》るかあちゃんに向《む》かって、首《くび》をふった。

（向《む》こうへ、まわれ）

とうちゃんはそうあいずしたのだ。かあちゃんは、いわれる

ままに、体《からだ》をひくくしながら、ゆっくりと
そっちのほうにまわった。
つぎに、とうちゃんは、メガロに向《む》かって
ひくい声《こえ》で、
「ここにしゃがんで、じっとしていろ。
いいか、えものが来《き》たら立《た》ちあがり、
せいいっぱい、ほえるんだぞ」
と、いった。
そしてとうちゃんは、かあちゃんと反対《はんたい》の
ほうへ、しのび足《あし》でゆっくりと歩《ある》いていった。

風《かぜ》がさわさわ……と、葉音《はおと》を鳴《な》らしてふいた。

メガロは、とうちゃんにいわれるまま、じっと、しげみの中《なか》にしゃがんでいた。

しばらくたったが、なにごともおこらない。

(いったい、どうなってるんだろう……)

メガロは待《ま》ちくたびれて、なんだかしんぱいになってきた。そこで、ひょいと立《た》ちあがってみた。と、そのとき、向《む》こうのほうから、

「グオーッ!」

と、すさまじい声《こえ》がきこえてきた。とうちゃんの声《こえ》だ。

ダダダーッ！　地《じ》ひびきがして、たくさんのイグアノドンがにげだしていく。そのあとを、とうちゃんが追《お》いかける。

とうちゃんの足《あし》は速《はや》い。

イグアノドンは、けんめいににげた。

するとこんどは、イグアノドンたちのにげていく先《さき》のほうから、とつぜん、かあちゃんがとび出《だ》した。

「グオー！」

イグアノドンたちは、びっくりぎょうてん、大《おお》あわて。

とうちゃんと、かあちゃんが、両方《りょうほう》からはさみうちで、イグアノドンにせまっていく。

イグアノドンたちは、とっさに、にげ道《みち》をかえた。

そして、こんどはメガロのいるほうへ、にげてきた。

（えものが来《き》たら、立《た》ちあがって、せいいっぱいほえろ！）

メガロは、さっきとうちゃんからいわれたことをわすれてはいない。かけてくるイグアノドンに向《む》かって、

「グオーッ！」

と大声《おおごえ》でほえた。自分《じぶん》でもびっくりするほどの声《こえ》だ。

とつぜん目《め》の前《まえ》からおきた声《こえ》に、イグアノドンたちは大《だい》こんらん。クルッ！と、うしろ向《む》きになって、反対《はんたい》のほうへにげだした。

「グオーッ！（追《お》いかけろ！）」
横《よこ》っちょから、とうちゃんの声《こえ》がした。
メガロは、その声《こえ》にはげまされて、
イグアノドンたちのあとから、どんどん追《お》いかけた。
これまでの、のろまなメガロとちがって、
びっくりするほどのスピードだ。やっぱり、
とうちゃんが教《おし》えてくれたかいがあったんだ。
「グオーッ！」と、とうちゃんの声《こえ》。
「グオーッ！」と、かあちゃんの声《こえ》。
「グオーッ！」と、メガロの声《こえ》。

三方《さんぽう》から追《お》いたてられたイグアノドンたちは、すっかりあわてて、声《こえ》のしないほうへと、みんなかたまってにげた。

だが、にげていくその先《さき》は、とてもふかい谷《たに》だ。

「キエーッ！（いかん、そっちへにげちゃいかん！）」

イグアノドンのかしらが、みんなに向《む》かっていった。

だがもうその声《こえ》は、なかまたちの耳《みみ》にははいらない。

ドドドドーッ！

イグアノドンたちはかさなりあうように、われ先《さき》に走《はし》る。

グアーッ！

先頭《せんとう》から、ひめいがおきた。

がけっぷちで足《あし》をとめようとしても、つぎつぎとうしろから、なかまたちがおしよせてきて、先《さき》を行《い》くイグアノドンは、前《まえ》にはじきとばされて、谷《たに》そこへまっさかさま！

こうしてイグアノドンたちは、あとからあとから、谷《たに》へ落《お》ちていった。

「グオーッ！」――とうちゃんは、ほえた。

「グオーッ！」――かあちゃんも、よろこびの声《こえ》をあげた。

「グオーッ！」――メガロもすっかりうれしくなって、とうちゃん、かあちゃんにあわせて、大声《おおごえ》をあげた。

とうちゃんは、メガロの頭《あたま》をぺろぺろとなめた。〈おまえは、

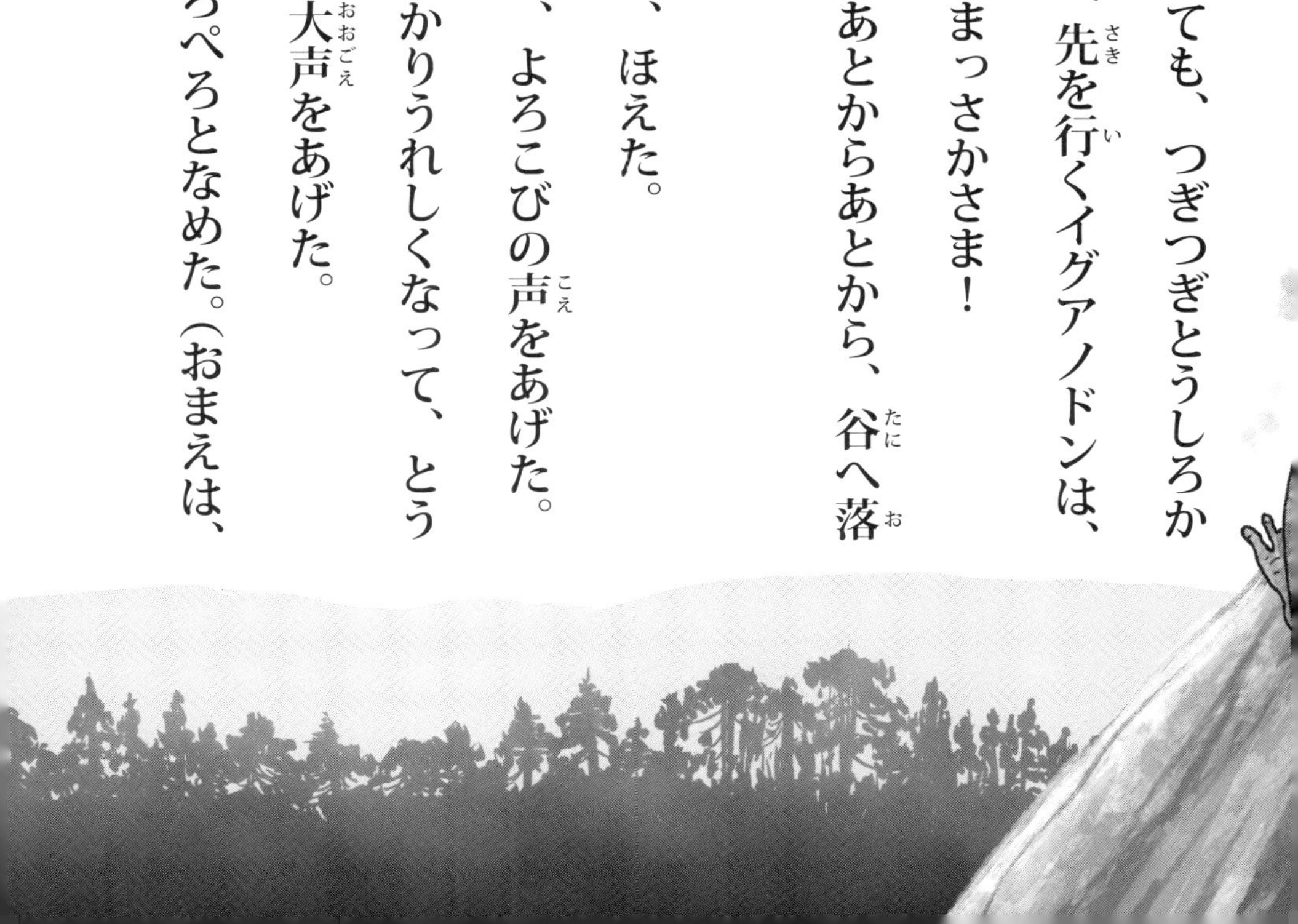

もう、のろまなんかじゃない。これからは、そのちょうしでがんばるんだぞ）と、いわんばかりに……。

メガロは、うれしかった。

とうちゃんがいうように、おれはもう、のろまなんかじゃないぞ、と、メガロはすっかり自信《じしん》をつけた。

「クオー！　さあ、早《はや》いとこ谷《たに》へおりて、ごちそうにあずかろうぜ！」

とうちゃんはそういうと、先《さき》にたって、横《よこ》のしげみをとおりぬけ、ゆるやかな道《みち》を、谷《たに》のほうへおりていった。

なぞとき
きょうりゅうの
墓《はか》場《ば》のふしぎ

イグアノドンの発見《はっけん》

走《はし》るのがおそくて、みんなからばかにされたのろまのメガロは、みごとに大《だい》かつやくをして、イグアノドンをやっつけました。

さて、このものがたりに登場《とうじょう》したのは、「メガロサウルス」という、肉《にく》を食《た》べるきょうりゅうと、「イグアノドン」という、草《くさ》を食《た》べるきょうりゅうでした。

イグアノドンについては、このシリーズの

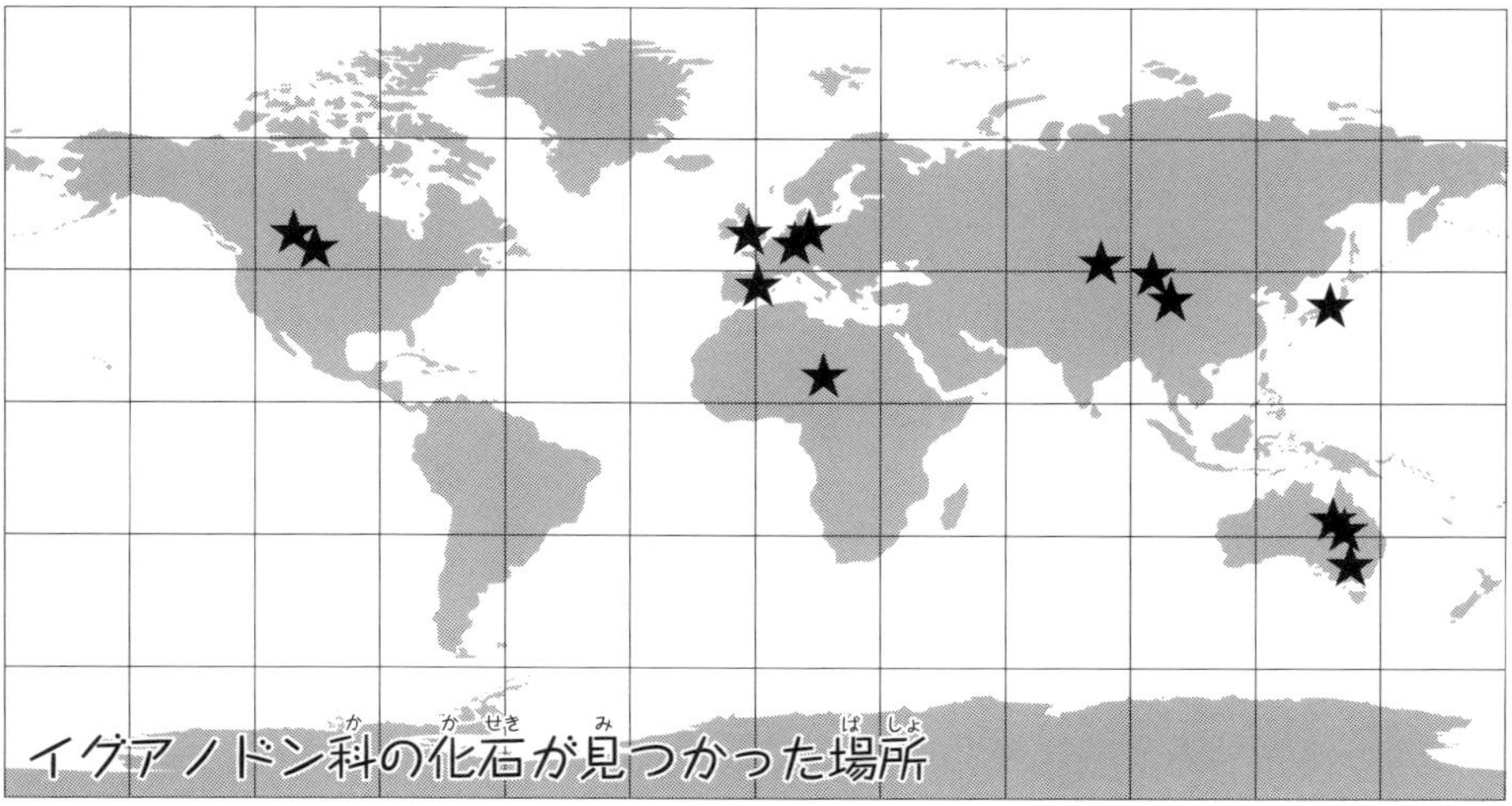

イグアノドン科《か》の化石《かせき》が見《み》つかった場所《ばしょ》

『フクイリュウ』でも、お話《はなし》したように、これまで見《み》つかったたくさんのきょうりゅうの中《なか》で、さいしょに化石《かせき》が発見《はっけん》されたきょうりゅうです。

一八二二年《ねん》に、イギリスのルイスという小《ち》さな町《まち》にすんでいた、マンテルというお医者《いしゃ》さんのおくさんが、歯《は》の化石《かせき》を発見《はっけん》したことがきっかけでした。

そのころはだれも、大《おお》むかしにきょうりゅうがいたことを知《し》りませんでした。

おくさんが道《みち》ばたでひろってきた歯《は》の化石《かせき》

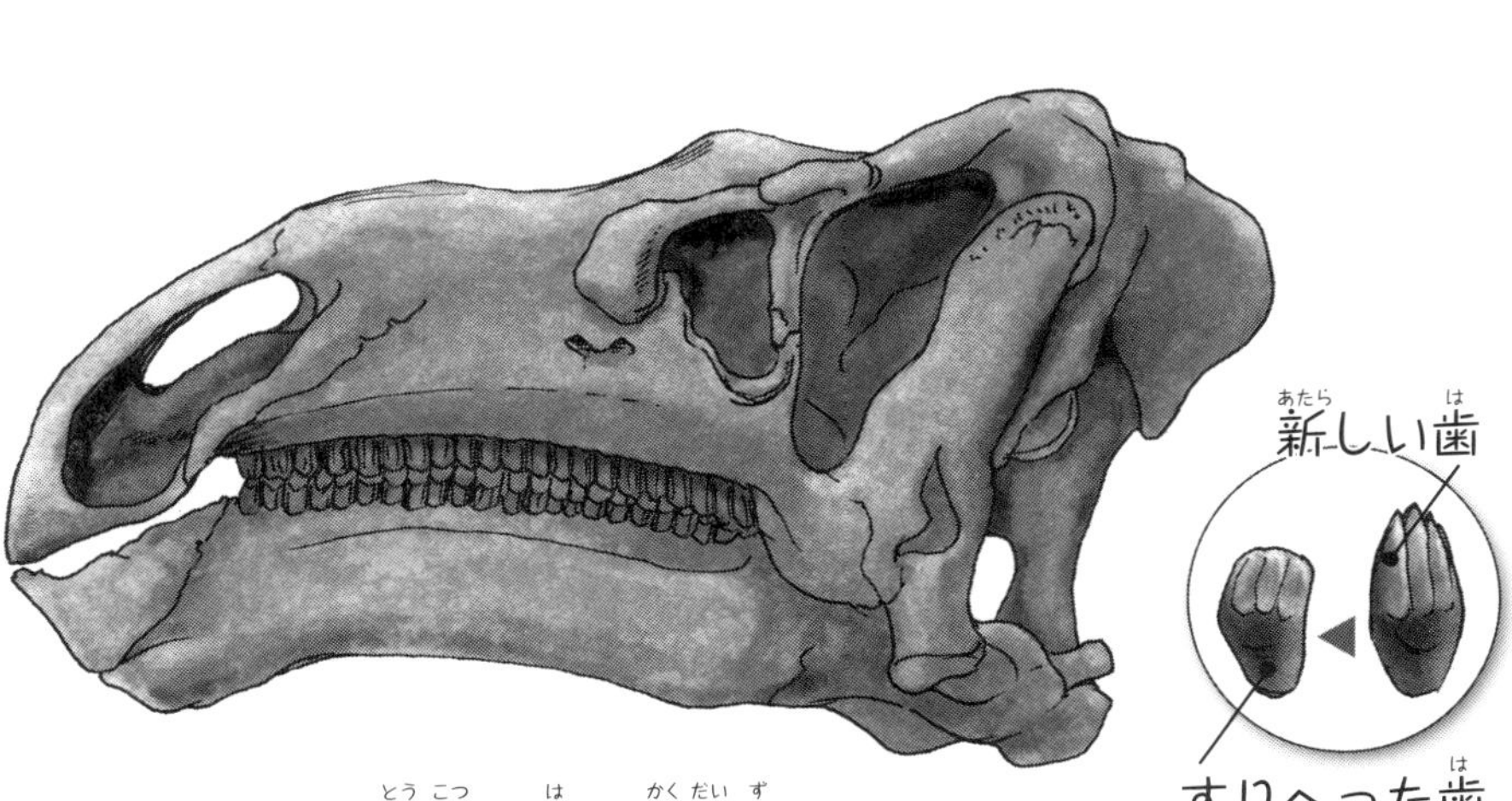

イグアノドンの頭骨《とうこつ》と歯《は》の拡大図《かくだいず》

が、中央《ちゅうおう》アメリカにすんでいる「イグアナ」というトカゲに似《に》ていたところから「イグアノドン」と名《な》づけられました。

まだ、きょうりゅうの研究《けんきゅう》が進《すす》んでいなかったそのころですから、マンテル先生《せんせい》が想像《そうぞう》したイグアノドンは、なんとまあ下《した》の絵《え》のように、四本《ほん》の足《あし》ではうようにして歩《ある》いたと考《かんが》えられたのです。

でも、いまでは、たくさんの骨《ほね》の化石《かせき》も発見《はっけん》され、研究《けんきゅう》も進《すす》み、イグアノドンのほんとうのすがたが、あきらかになりました。

イグアノドン（左《ひだり》）とたたかうメガロサウルス（右《みぎ》）の想像図《そうぞうず》

イグアノドンは、きょうりゅうの中《なか》でも鳥《とり》の足《あし》を意味《いみ》する「鳥脚類《ちょうきゃくるい》」のなかまです。鳥《ちょう》脚類《きゃくるい》は、うしろ足《あし》で立《た》って、歩《ある》いたり走《はし》ったりできました。

鳥脚類《ちょうきゃくるい》にはたくさんのきょうりゅうがいましたが、イグアノドンは「イグアノドン科《か》」というなかまにぞくしており、つぎのようなとくちょうを持《も》っていました。

体《からだ》の大《おお》きさは、五メートルから一〇メートルくらいでした。

うしろ足《あし》で立《た》って、歩《ある》いたり走《はし》ったりしま

イグアノドンの模型《もけい》の中《なか》でパーティーを開《ひら》いた人《ひと》たち

した。

　イグアノドンが、草《くさ》を食《た》べるきょうりゅうだということがわかったのは、マンテル先生《せんせい》のおくさんアンが、さいしょに見《み》つけた、あの一本《ぽん》の歯《は》でした。

　イグアノドンの歯《は》は、ヘラのかたちをしていて、上《うわ》あごと下《した》あごに、まるでノコギリのように、びっしりと生《は》えていました。

　草《くさ》や木《き》の葉《は》を、前歯《まえば》でひきちぎり、たくさんの歯《は》でよくかんだのです。

　前足《まえあし》は、うしろ足《あし》の半分《はんぶん》くらいの長《なが》さでし

きょうりゅうは大《おお》きく8つのグループに分《わ》けられます

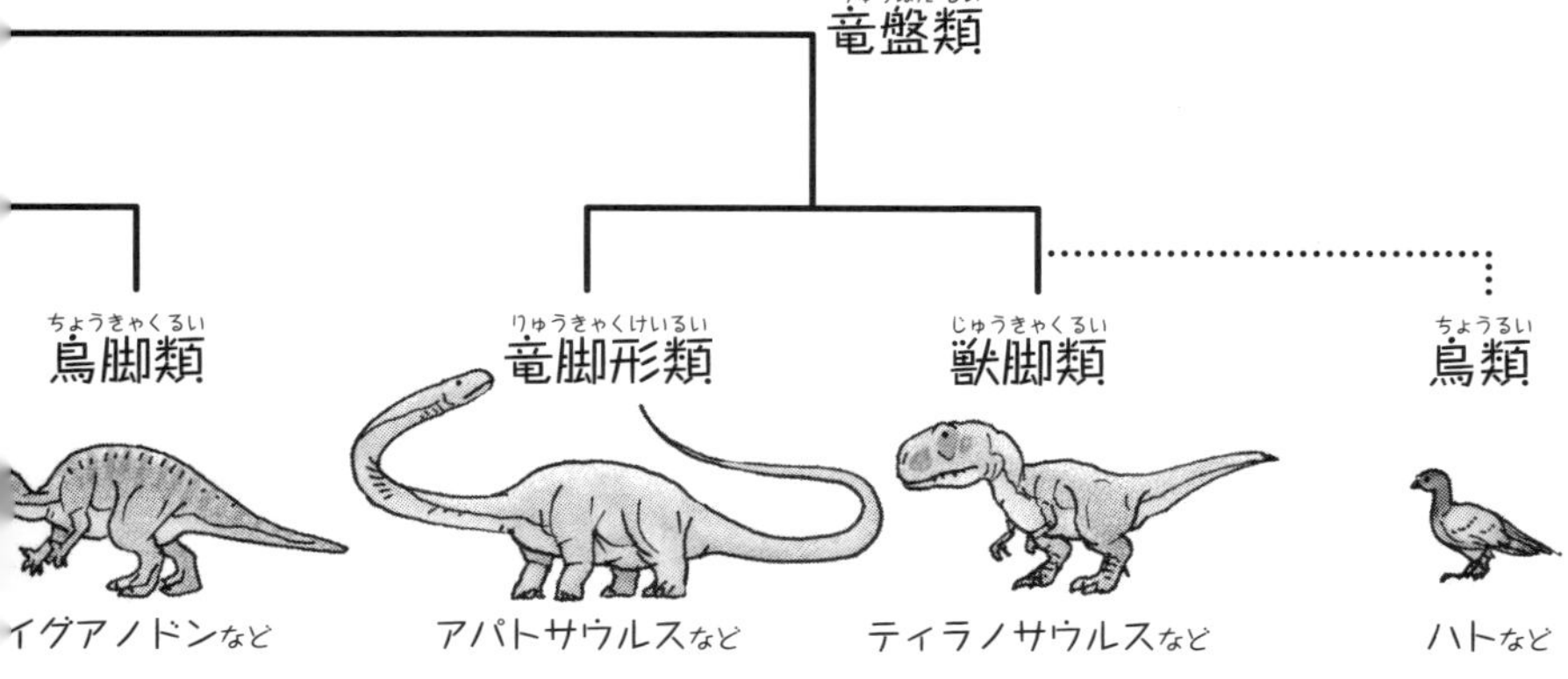

た。

指《ゆび》は五本《ほん》でしたが、親指《おやゆび》だけは太《ふと》くて、まるでクギのようにとがっていました。

マンテル先生《せんせい》はさいしょ、鼻《はな》の上《うえ》の角《つの》とまちがえたのですが、このとがった指《ゆび》は、敵《てき》におそわれて、にげられなくなったときに、身《み》を守《まも》るために使《つか》っただろう、と科学者《かがくしゃ》はいっています。

このシリーズの中《なか》の『フクイリュウ』では、フクイリュウ（イグアノドン）のボスが、親《おや》指《ゆび》を使《つか》って、みごとにカガリュウ（メガロサ

きょうりゅうの分類《ぶんるい》

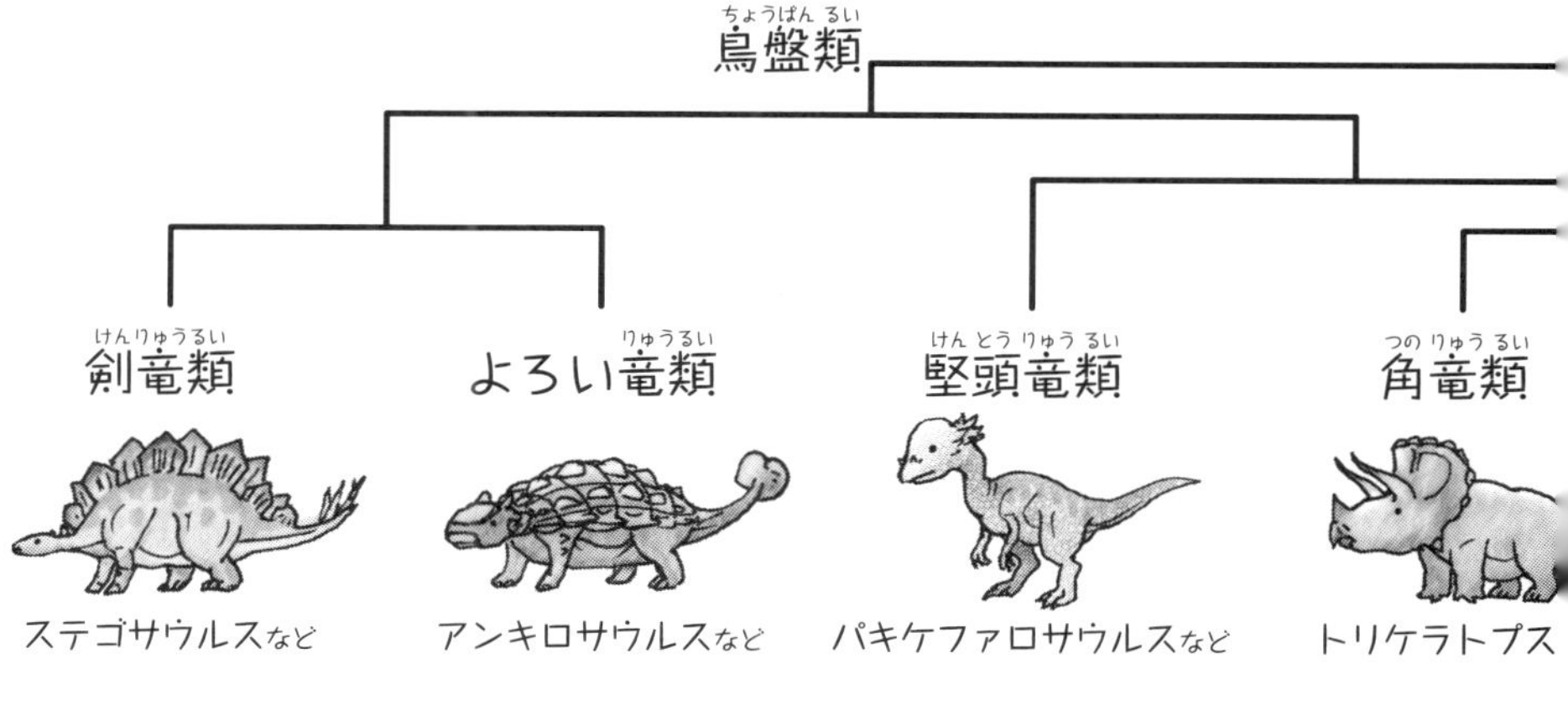

ウルス）をやっつけました。

さて、イグアノドンは、ただ一種《いっしゅ》だけではなく、さまざまななかま（科《か》）がいて、世《せ》界《かい》じゅうにひろがっていました。すべて、一億《おく》四千万年前《せんまんねんまえ》から一億《おく》二千万年前《せんまんねんまえ》までの、白亜紀前期《はくあきぜんき》にすんでいたことがわかっており、足《あし》あとは、南《みなみ》アフリカから北極圏《ほっきょくけん》のスピッツベルゲン島《とう》でも見《み》つかっています。

その一種《いっしゅ》ムッタブラサウルス（ムッタブラのトカゲの意《い》）も、白亜紀《はくあき》はじめころにいたきょうりゅうで、オーストラリアのムッタブラ

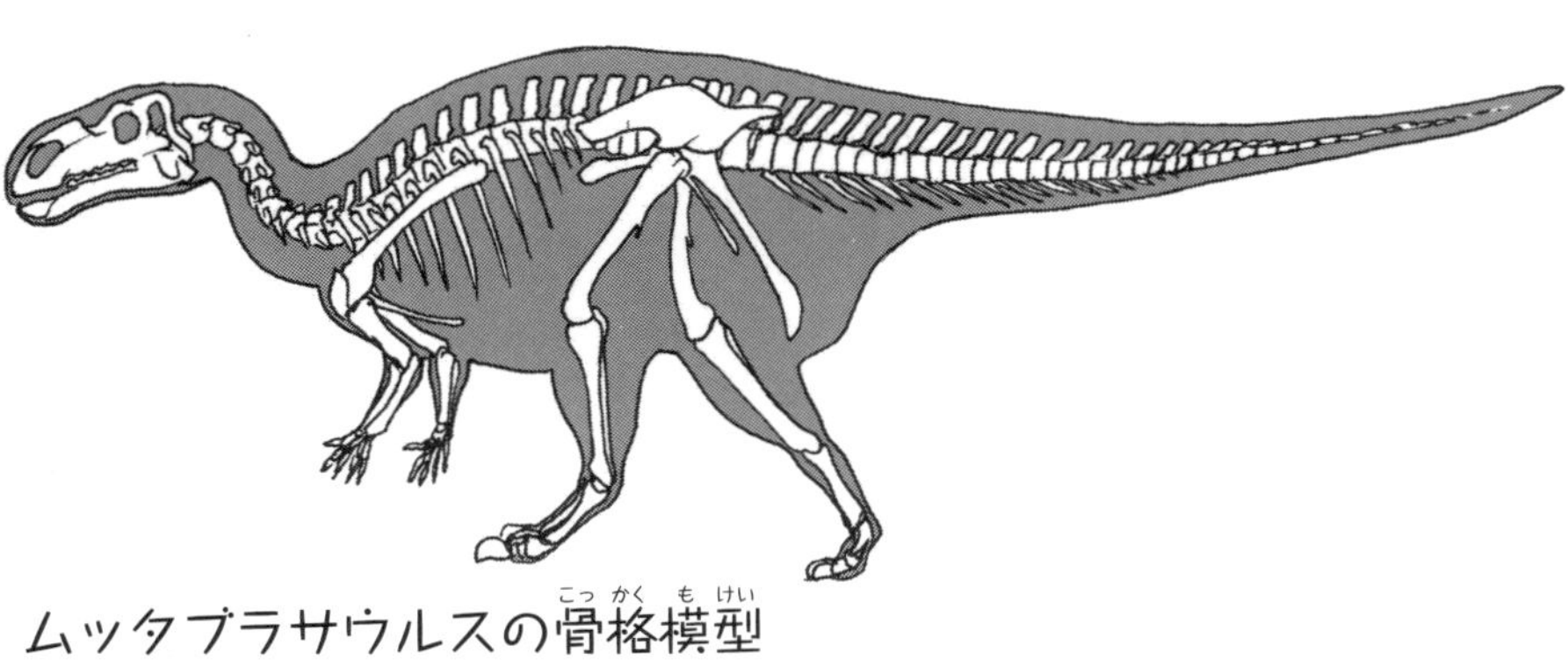

ムッタブラサウルスの骨格模型《こっかくもけい》

という場所《ばしょ》で発見《はっけん》されました。体長《たいちょう》七〜一〇メートル、腰《こし》の高《たか》さは三メートルほどです。

このきょうりゅうのとくちょうのひとつは、頭骨《とうこつ》と歯《は》です。

頭骨《とうこつ》の目《め》よりうしろの部分《ぶぶん》が、イグアノドンとちがい大《おお》きく発達《はったつ》し、アゴをかみあわせるきん肉《にく》が、とても発達《はったつ》していました。

歯《は》は、大《おお》きなハサミのように、ものをうすく切《き》ることができました。

アメリカのきょうりゅう学者《がくしゃ》の中《なか》には、植《しょく》物《ぶつ》のほかに肉《にく》も食《た》べていたのではないか、と

ムッタブラサウルスの復元模型《ふくげんもけい》

いう人《ひと》もいます。

メガロサウルスのなかまたち

さて、つぎはメガロサウルスです。

このきょうりゅうは、イグアノドンと同《おな》じころに、肉食《にくしょく》のきょうりゅう化石《かせき》として、世《せ》界《かい》ではじめて発見《はっけん》されました。

体《からだ》の大《おお》きさは、七～一〇メートルほどで、小《ちい》さいものには三メートルくらいのものもいたようです。

メガロサウルス科《か》の化石《かせき》が見《み》つかった場所《ばしょ》

頭《あたま》の長《なが》さは三〇センチメートルほどで、目《め》が大《おお》きく、アゴにはノコギリのような、するどい歯《は》がありました。

この歯《は》によって、メガロサウルスが、肉《にく》を食《た》べるきょうりゅうだったことが、あきらかになったのです。

メガロサウルスの目《め》は大《おお》きくて、首《くび》はずんぐりとみじかく、がんじょうでした。

首《くび》にくらべて、どうは長《なが》く、うしろ足《あし》もがんじょうでした。

メガロサウルスの骨《ほね》は、一八一八年《ねん》に、バ

イギリスの大学《だいがく》の先生《せんせい》が描《か》いた
メガロサウルスの大腿骨《だいたいこつ》のスケッチ

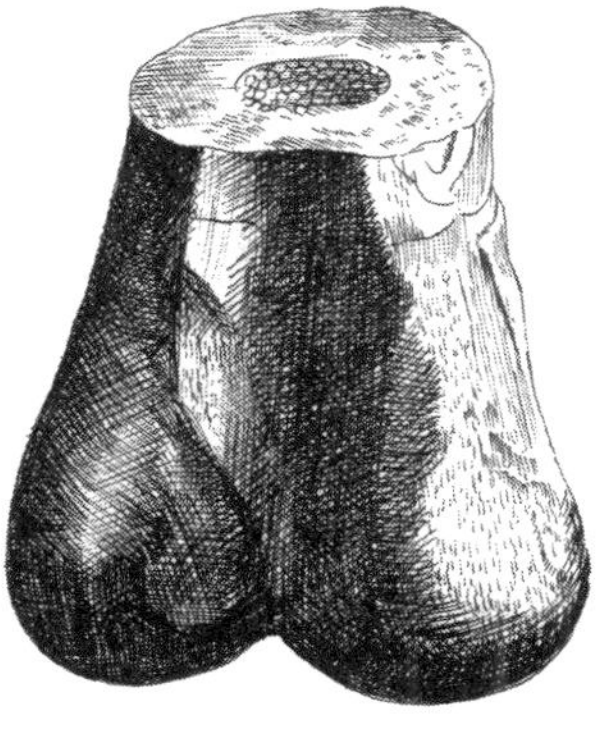

バックランド博士《はかせ》

ックランドという科学者《かがくしゃ》が、イギリスのオックスフォードというところで発見《はっけん》しました。

バックランド先生《せんせい》は、岩石《がんせき》を研究《けんきゅう》している学者《がくしゃ》でしたが、まさか、きょうりゅうの骨《ほね》だとは思《おも》わなかったので、しばらくそのままほうっておきました。

五年《ねん》ほどたって調《しら》べてみると、それはどうやら、いままでに見《み》たこともないような動物《どうぶつ》のもので、しかも、トカゲの骨《ほね》に似《に》ていました。

そこで、その骨《ほね》に「大《おお》きなトカゲ」という

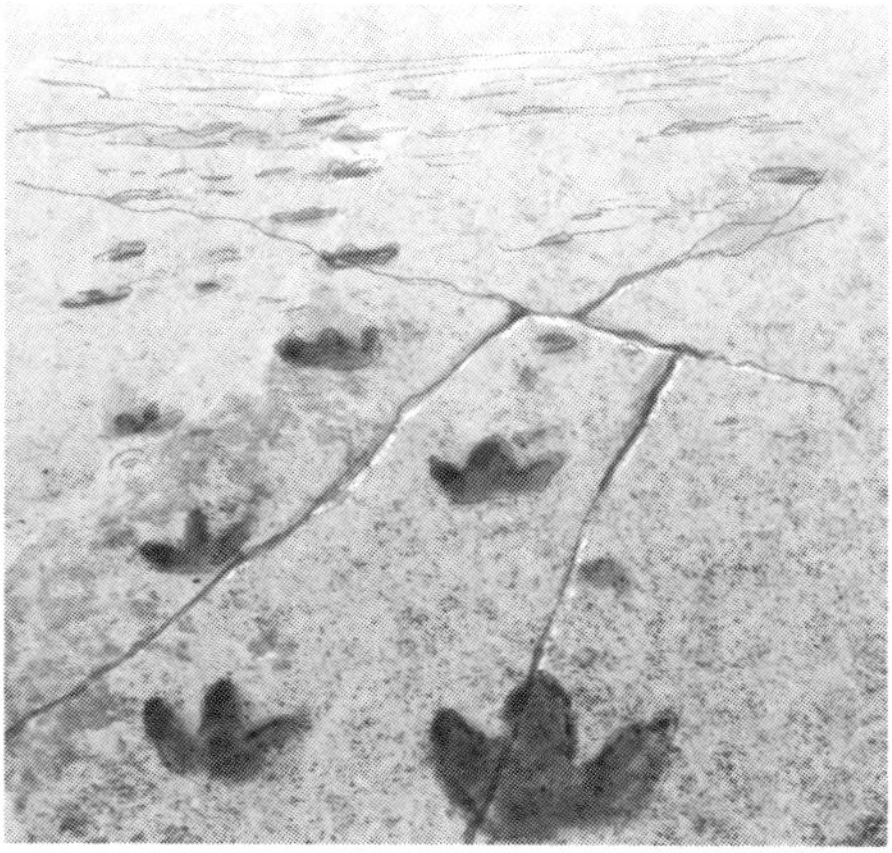

メガロサウルスの足《あし》あとの化石《かせき》

意味《いみ》の「メガロサウルス」という名《な》まえをつけたのです。

イグアノドンと同《おな》じように、メガロサウルスの足《あし》あとも、ヨーロッパで発見《はっけん》されています。

その足《あし》あとの発見《はっけん》によって、メガロサウルスが、うしろ足《あし》だけで歩《ある》いていたことがわかったのです。

でも科学者《かがくしゃ》によると、メガロサウルスは、そんなにスピードは出《だ》せず、イグアノドンよりも速《はや》く走《はし》れなかったのではないか、といわ

イグアノドンの足《あし》あとの化石《かせき》

れています。

前足《まえあし》をごらんなさい。うしろ足《あし》にくらべて、うんとみじかいですね。でも、三本《ぼん》の指《ゆび》には、するどく曲《ま》がった、ひっかきつめが生《は》えています。

この指《ゆび》でえものを、がっちりとつかまえたのです。

ところで、メガロサウルス全身《ぜんしん》のすがたが、イギリスの古生物学者《こせいぶつがくしゃ》によって、一八五四年《ねん》にえがかれたときには、下《した》の絵《え》のように四本《ほん》足《あし》でした。

しかし、その後《ご》、足《あし》あとの化石《かせき》が発見《はっけん》され、アメリカの学者《がくしゃ》の研究《けんきゅう》によって、メガロサウルスはうしろ足《あし》だけで、歩《ある》いたり走《はし》ったりしたことがあきらかにされました。

メガロサウルスのなかま（科《か》）は、ジュラ紀《き》から白亜紀《はくあき》にかけて世界《せかい》じゅうにひろがっていました。その中《なか》のいくつかをしょうかいしましょう。

そのひとつは、中国《ちゅうごく》・四川省《しせんしょう》で発見《はっけん》されたガソサウルスです。

ガソサウルスは、全長《ぜんちょう》四メートル、高《たか》さ二

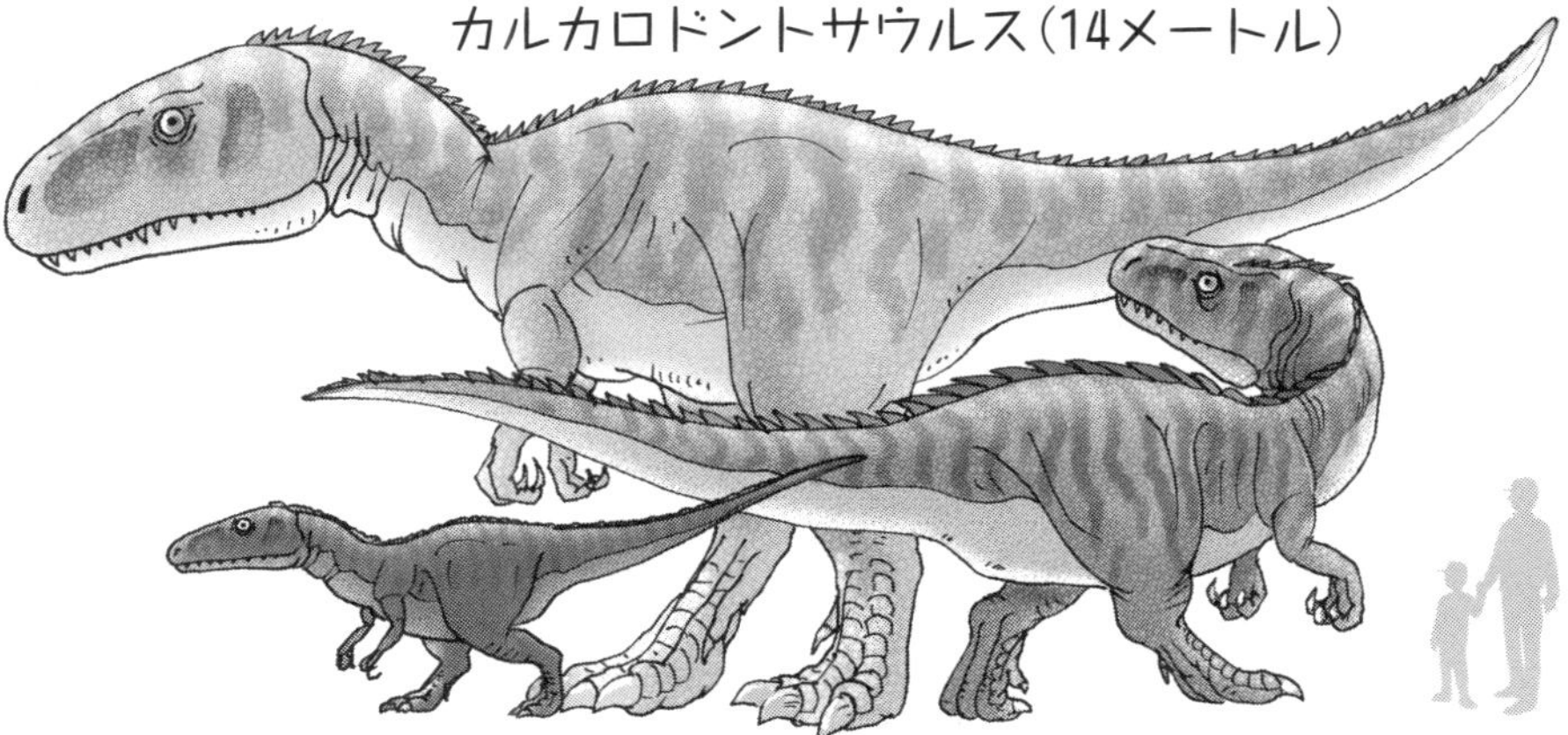

メートルの小型《こがた》の肉食《にくしょく》きょうりゅうで、メガロサウルス科《か》の中《なか》では、もっとも原始的《げんしてき》とされています。

およそ一億《おく》六千万年前《せんまんねんまえ》（ジュラ紀中期《きちゅうき》）の中国《ちゅうごく》では、殺《ころ》し屋《や》のナンバーワンとおそれられたきょうりゅうでした。

頭骨《とうこつ》はかるく、大工道具《だいくどうぐ》のノコに似《に》たギザギザの歯《は》で、えものの肉《にく》をむしりとり、太《ふと》くて力強《ちからづよ》いうしろ足《あし》で、すばやく走《はし》りまわりました。

おそらく、全長《ぜんちょう》二〇メートルの大型草食《おおがたそうしょく》き

シュノサウルスをおそう ガソサウルスの模型《もけい》（福井恐竜博物館《ふくいきょうりゅうはくぶつかん》）

ようりゅうオメイサウルスなどが、ガソサウルスのえじきになったでしょう。

つぎに、アフリカで発見《はっけん》されたカルカロドントサウルス（サメの歯《は》を持《も》つトカゲの意《い》）をごしょうかいしましょう。

一九二〇年代《ねんだい》に、アフリカのアルジェリアで、大《おお》きくて二本《ほん》のうすいナイフのような歯《は》が発見《はっけん》されたあと、一九九五年《ねん》にモロッコで、完全《かんぜん》な頭骨《とうこつ》が見《み》つかりました。

頭《あたま》の長《なが》さは一・六メートルもあり、するどい歯《は》を持《も》つ肉食《にくしょく》きょうりゅうでした。ティラ

カルカロドントサウルスの頭骨《とうこつ》

ノサウルス科《か》に入《い》れる学者《がくしゃ》もいたようです。

きょうりゅうの走《はし》り方《かた》

さて、ものがたりの中《なか》で、メガロサウルスの子《こ》どもたちが、かけっこをするところがありましたね。

もちろん、あくまでもつくり話《ばなし》ですが、でも、きょうりゅうの子《こ》どもは、一人前《いちにんまえ》になるまでは、めす（おかあさん）と生活《せいかつ》をしていただろう、と考《かんが》えられています。

そのとき子《こ》どもは、走《はし》ることとや、えものをとることを、おかあさんといっしょにくらしながらおぼえたことでしょう。

速《はや》く走《はし》らなければ、えものをとることはできません。

ただ、どんな走《はし》り方《かた》をしたかは、だれも見《み》たものがいないので、わかりません。

しかし科学者《かがくしゃ》は、メガロサウルスやイグアノドンのように、うしろ足《あし》だけで歩《ある》いたり走《はし》ったりしたきょうりゅうたちは、その走《はし》り方《かた》に、つぎのような三つの型《かた》があったのではな

いか、と考《かんが》えています。

①トカゲ型《がた》

みなさんは、オーストラリアにすんでいるエリマキトカゲを知《し》っていますか。

日本《にほん》では、以前《いぜん》テレビのコマーシャルに登《とう》場《じょう》して、たいへんな人気者《にんきもの》になりました。

エリマキトカゲはさばくのすなの上《うえ》を、うしろ足《あし》だけで、じょうずに速《はや》く走《はし》ります。走《はし》り方《かた》は、足《あし》を横《よこ》につき出《だ》すようにし、体《からだ》を左右《さゆう》に大《おお》きくふりながら走《はし》ります。その走《はし》るすがたには、とてもあいきょうがあり、思《おも》

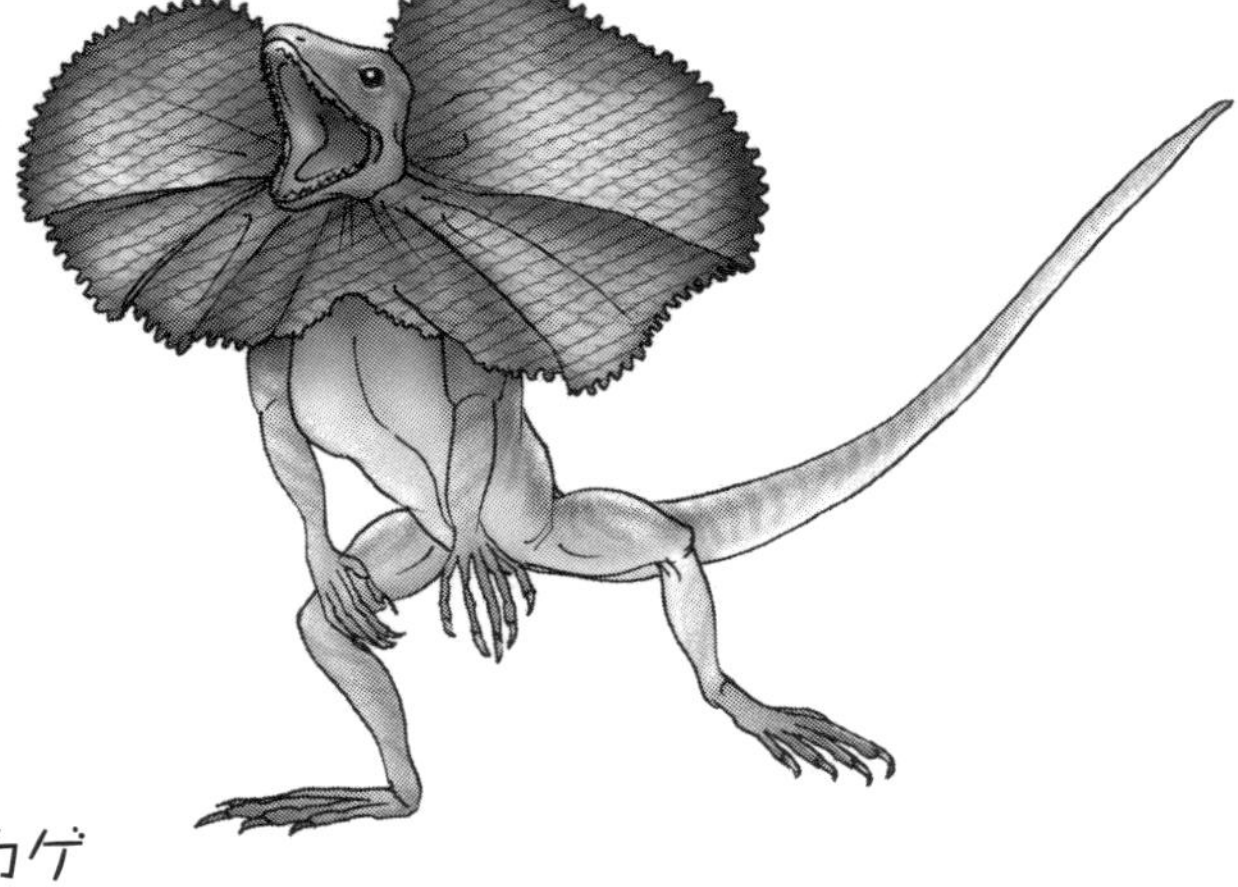

エリマキトカゲ

わずわらってしまいます。

そのことから、うしろ足《あし》だけで走《はし》ったきょうりゅうの中《なか》には、ひょっとするとエリマキトカゲのような走《はし》り方《かた》をしたものもいたのではないか、と考《かんが》えられるのです。

ただ、体《からだ》の大《おお》きなきょうりゅうが、こんな走《はし》り方《かた》で、うまく走《はし》れたかどうかはぎもんです。

②カンガルー型《がた》

みなさんは、動物園《どうぶつえん》やテレビなどで、カンガルーがピョンピョンと、はねるように走《はし》っ

カンガルー

ているようすを見《み》たことがあるでしょう。

カンガルーは、ひとっとびで、一二メートルも先《さき》へ進《すす》むことができます。うしろ足《あし》をバネにして、力強《ちからづよ》く地面《じめん》をけって、前《まえ》に進《すす》むのです。

「カモリュウ」とよばれる、きょうりゅうのなかまは、こんな走《はし》り方《かた》をしたことも考《かんが》えられますが、メガロサウルスやイグアノドンが、カンガルーのように、とびはねながら走《はし》ったかどうかは、ぎもんです。

③ヒクイドリ型《がた》

ヒクイドリ

ヒクイドリという鳥《とり》は、両足《りょうあし》をたがいちがいに前《まえ》にふみ出《だ》し、ふさふさした尾《お》でたくみに体《からだ》のバランスをとりながら走《はし》ります。

わたしは、メガロサウルスやイグアノドンは、このような走《はし》り方《かた》をしたのではないか、と思《おも》っています。

ところで、うしろ足《あし》だけで走《はし》ったきょうりゅうは、どれくらいのスピードが出《だ》せたでしょうか。

これも、だれも見《み》たものはいないので、はっきりしたことはわかりません。

速《はや》さくらべ

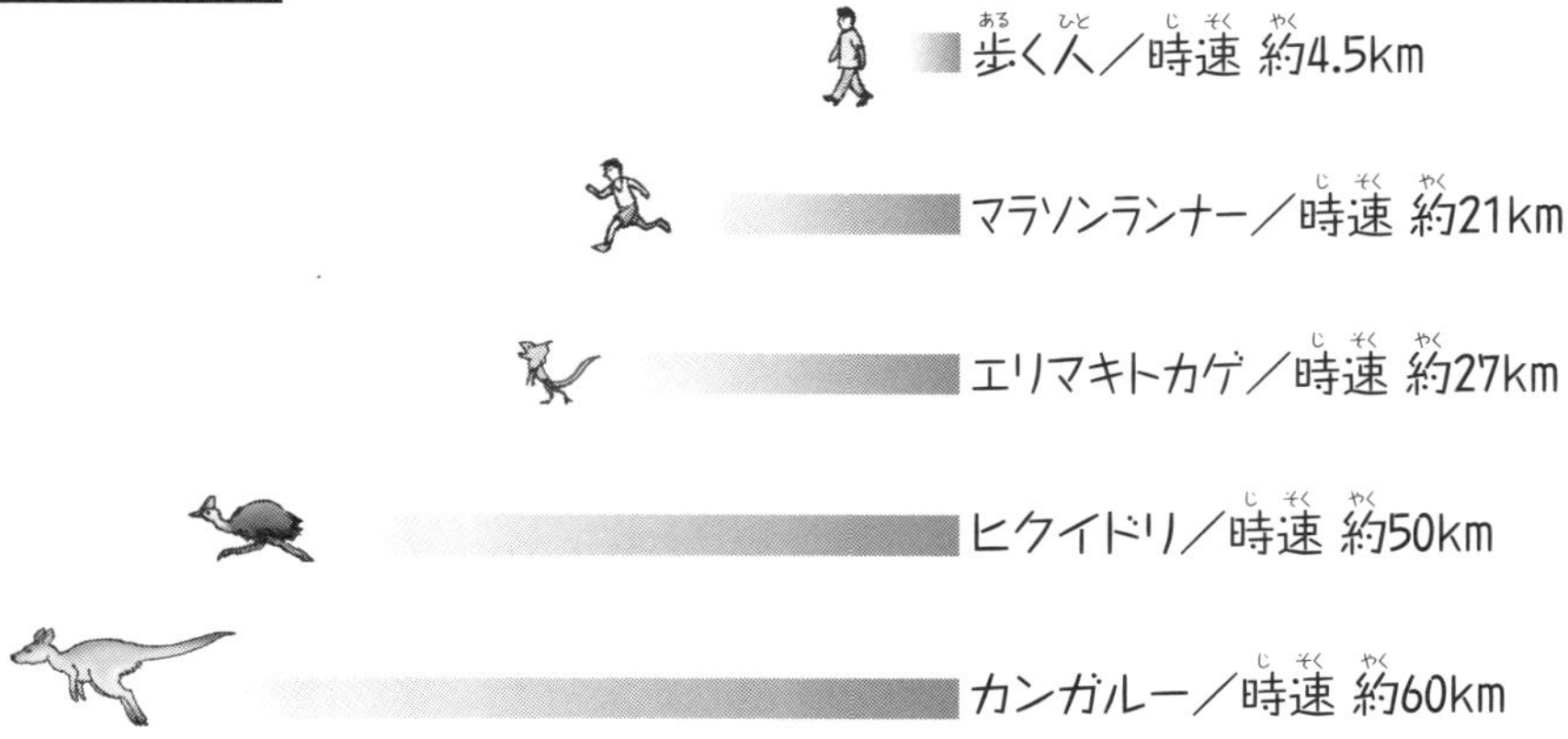

きょうりゅう学者《がくしゃ》のアレキサンダー先生《せんせい》は、人間《にんげん》やゾウ、ダチョウなどの動物《どうぶつ》の走《はし》り方《かた》や、速《はや》さなどを調《しら》べて、それを、きょうりゅうの足《あし》あとや、腰《こし》までの高《たか》さなどから、つぎのように計算《けいさん》しています。

二本《ほん》足《あし》で走るきょうりゅうの、腰《こし》までの高《たか》さが一メートルで、歩《ほ》はばが二メートルのばあい、速《はや》さはだいたい一時間《じかん》に一三キロメートルだそうです。

それは、わたしたちが自転車《じてんしゃ》に乗《の》って、ふつうの走《はし》り方《かた》で走《はし》るていど、ということにな

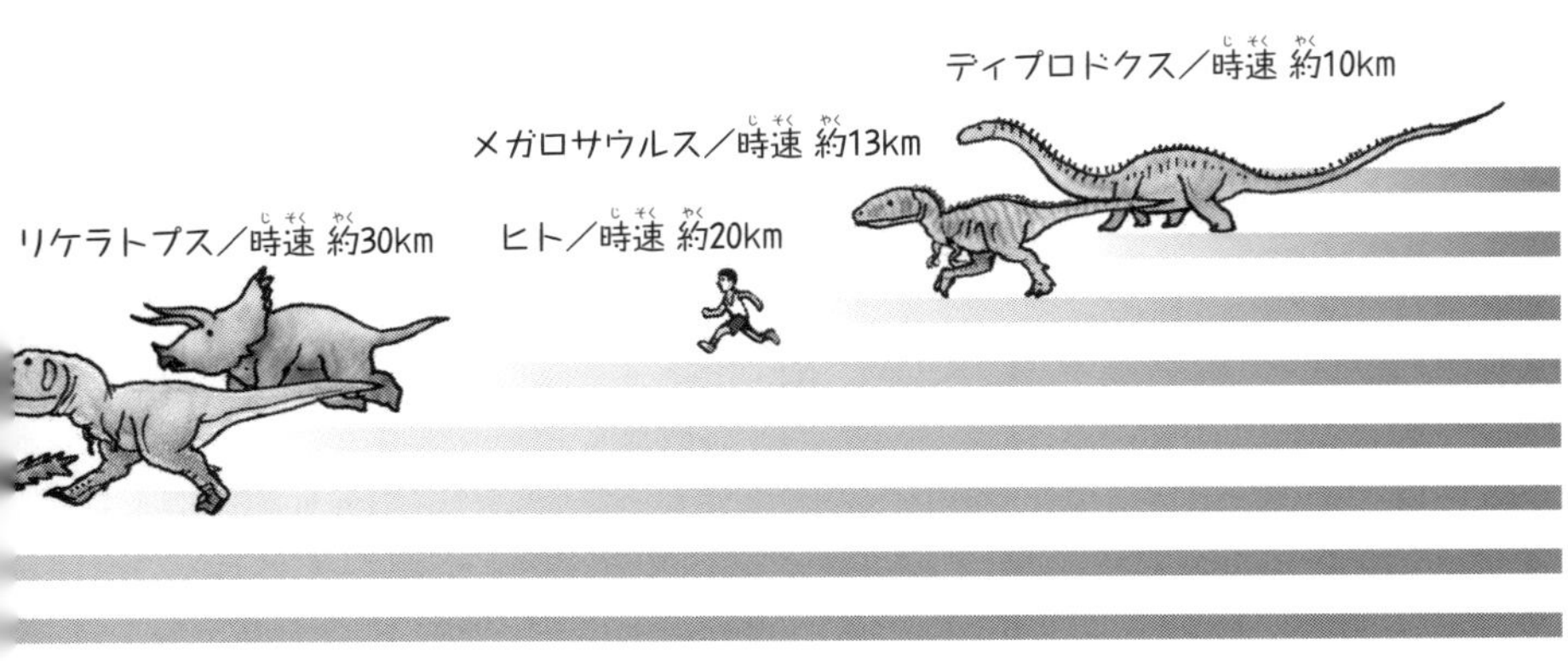

ります。

イグアノドンやメガロサウルスも、だいたいこのていどのスピードで走《はし》ったのかもしれません。

きょうりゅうの墓場《はかば》

メガロサウルスがイグアノドンをおそうときは、ちょうどライオンがシマウマをおそうときのように、そっと近《ちか》よって、相手《あいて》がゆだんしているすきに、とび出《だ》していったでしょ

きょうりゅうの速《はや》さくらべ

う。

ものがたりの中《なか》にもあったように、うっかりくしゃみをして、相手《あいて》に見《み》つかり、にげられてしまうことだって、あったにちがいありません。

相手《あいて》のイグアノドンは、おそらくむれをつくって草《くさ》を食《た》べたり、体《からだ》を休《やす》めたりしたと考《かんが》えられています。

そんなときは、いつも、敵《てき》を見《み》はるための見《み》はり役《やく》がいて、メガロサウルスのような敵《てき》が近《ちか》づいてきたばあい、すばやくなかまに知《し》

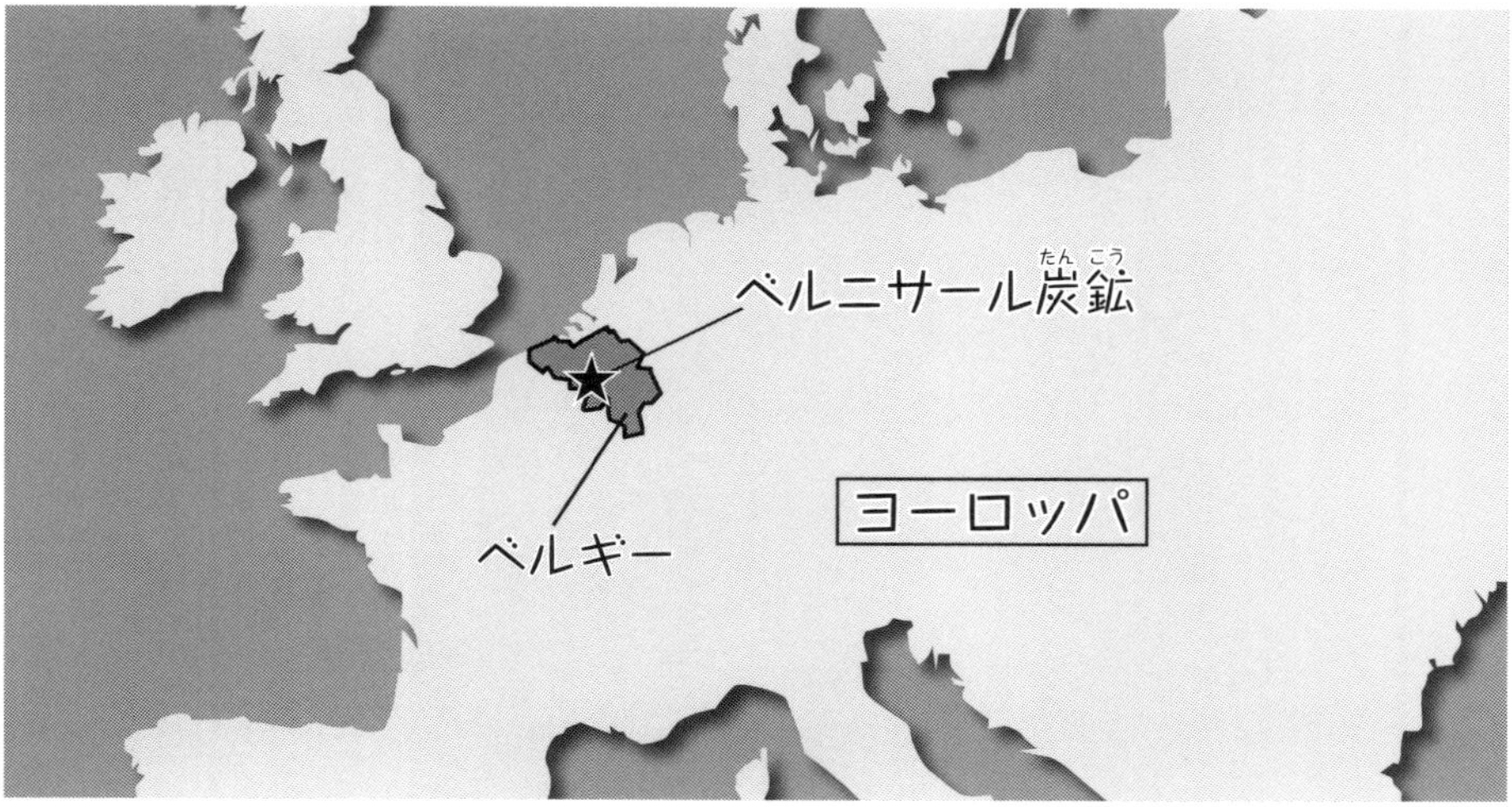

らせてにげました。

ベルギーという国《くに》に、ベルニサールという、石炭《せきたん》をとる炭坑《たんこう》があります。

この炭坑《たんこう》でイグアノドンの骨《ほね》が、同《おな》じところにかたまって、三〇体《たい》も見《み》つかりました。

それは、一八七八年《ねん》のことでした。

発見《はっけん》された三〇体《たい》の化石《かせき》を、ルイ・ドローというきょうりゅう学者《がくしゃ》が、一つひとつていねいに調《しら》べました。

それまでイグアノドンは、マンテル先生《せんせい》が考《かんが》えたように、四本《ほん》の足《あし》ではうようにして歩《ある》

いていたのだ、と思《おも》われていました。

ところが、ドロー博士《はかせ》の研究《けんきゅう》によって、うしろ足《あし》で立《た》ち、長《なが》い尾《お》でささえながら、歩《ある》いたり走《はし》ったりしていたことが、あきらかになったのです。

発見《はっけん》された三〇体《たい》のイグアノドンの骨《ほね》を調《しら》べてみると、ほとんどが、人間《にんげん》でいえばおじいさん、おばあさんの年《とし》よりで、子《こ》どもや、わかものの骨《ほね》は、ひとつもありませんでした。

これは、いったいどういうことでしょう。

ある学者《がくしゃ》は、骨《ほね》が発見《はっけん》された場所《ばしょ》は、一億《おく》

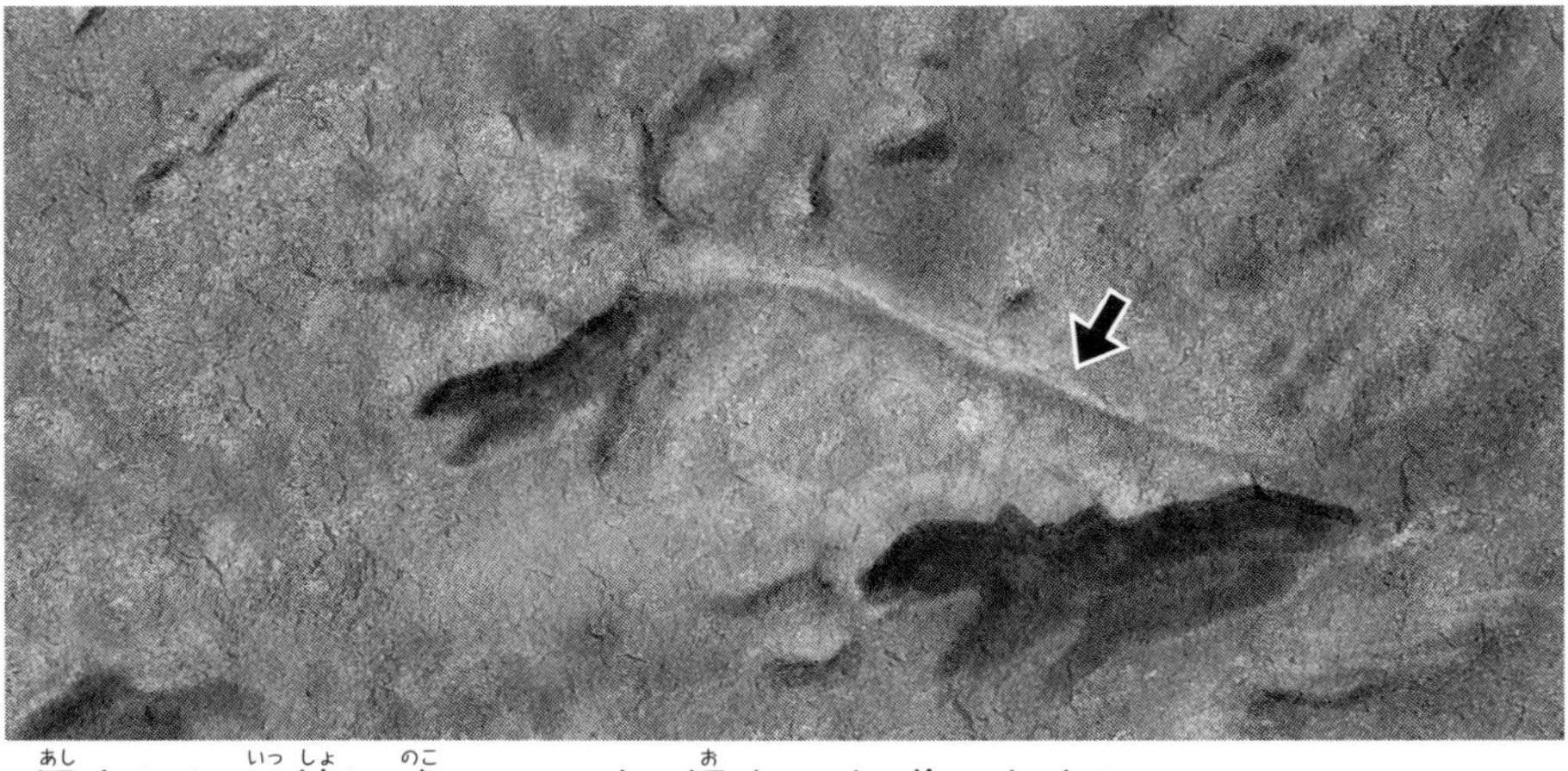

足《あし》あとと一緒《いっしょ》に残《のこ》っていた、尾《お》をひきずったあと

年《ねん》いじょう前《まえ》の「きょうりゅうの墓場《はかば》」だ、と考《かんが》えました。イグアノドンは年《とし》をとって死《し》ぬときになると、みんな、その場所《ばしょ》へ行《い》って死《し》んだのだそうです。

同《おな》じ場所《ばしょ》から、年《とし》よりのきょうりゅうばかりが、かたまって三〇体《たい》も発見《はっけん》されたのは、そこが、きょうりゅうの墓場《はかば》であったことの、なによりのしょうこだというのです。

しかし、イグアノドンを研究《けんきゅう》した、ドロー博士《はかせ》の考《かんが》えは少《すこ》しちがいます。

ドロー博士《はかせ》は、いちどにたくさんのイグア

ノドンの骨《ほね》が見《み》つかったのは、ある日《ひ》、大《だい》こう水《ずい》があり、きょうりゅうたちが水《みず》にのまれて死《し》んだからではないか、という考《かんが》えを発表《はっぴょう》しました。

水《みず》に流《なが》された死体《したい》が、くぼんだところにかたまったために、そこからまとまって見《み》つかったのだというのです。

ほとんどが年《とし》とったきょうりゅうだったわけは、年《とし》をとったイグアノドンは、どうしてもうごきがにぶくて、大《だい》こう水《ずい》がおきたとき、にげおくれてしまい、水《みず》にのまれたのではな

②大《だい》こう水《ずい》で年《とし》とったイグアノドンが流《なが》された

いか、とドロー博士《はかせ》は考《かんが》えました。

一方《いっぽう》、べつの見方《みかた》によると、イグアノドンたちが草《くさ》を食《た》べているとき、メガロサウルスがおそってきました。

見《み》はりの知《し》らせに、イグアノドンたちはいっせいににげました。

しかし、年《とし》をとって、うごきがにぶく、しかも足《あし》のおそいイグアノドンたちは、うろうろしているうちに、とうとうがけのほうへ追《お》いつめられてしまいました。

そして、高《たか》いがけから下《した》に落《お》ちて、いちど

③メガロサウスルに追《お》われて、
がけから落《お》ちた

にたくさんのイグアノドンが死《し》んだのだ、というのです。

はたして、きょうりゅうの墓場《はかば》がほんとうにあったのか、それとも大《だい》こう水《ずい》がおきて、きょうりゅうたちが死《し》んだのか、メガロサウルスにおそわれて、がけから落《お》ちて死《し》んだのか、一億年《おくねん》いじょうたったいまでは、だれにもわかりません。

この本《ほん》では、メガロサウルスのおす（とうちゃん）とめす（かあちゃん）と子《こ》ども（のろまなメガロ）が力《ちから》をあわせて、イグアノド

魚竜《ぎょりゅう》・首長竜《くびながりゅう》・翼竜《よくりゅう》は、きょうりゅうとは別《べつ》のグループになります

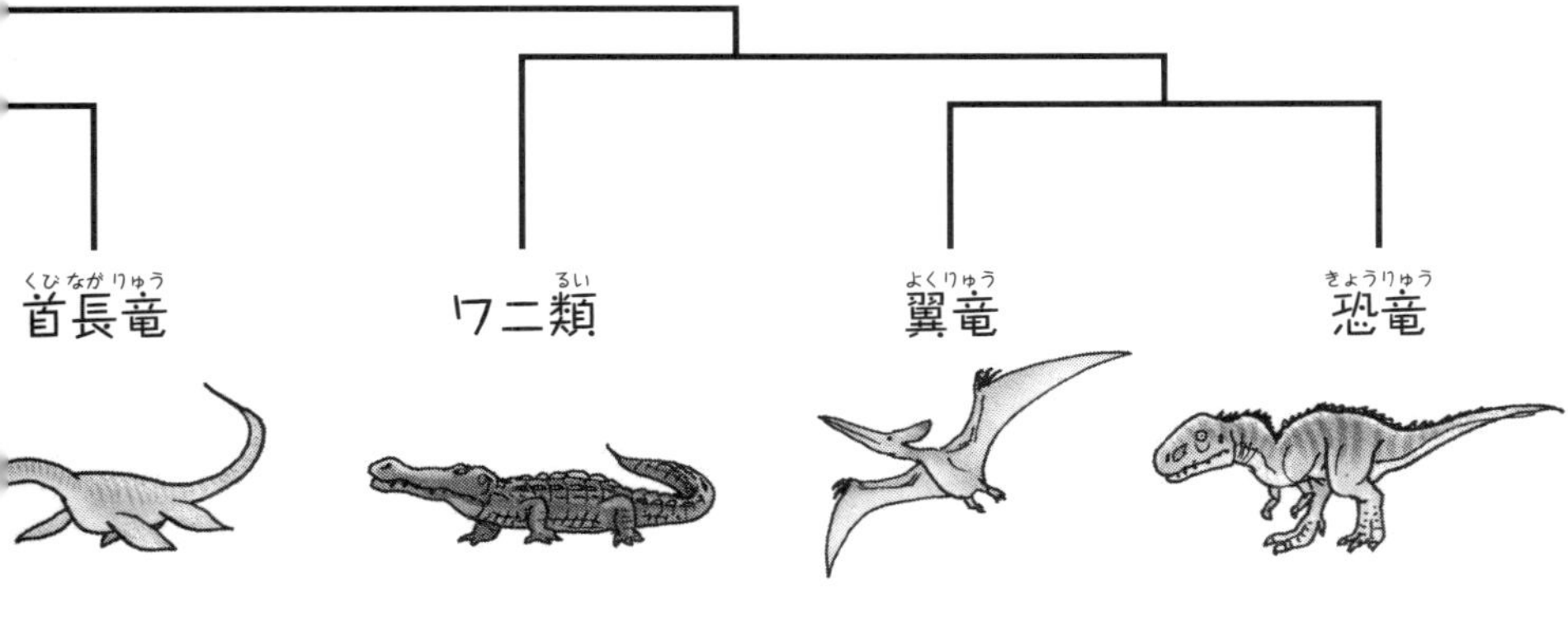

ンをがけから谷《たに》へつき落《お》として、やっつけるようすをえがきました。

きょうりゅうたちが、どんな生活《せいかつ》をしていたのか、まだよくわかっていません。

しかし、きょうりゅうは、ヘビやトカゲやワニなど、「はちゅう類《るい》」とよばれる生《い》き物《もの》のなかまです。

だから、いま地球上《ちきゅうじょう》にいる、ヘビやトカゲやワニなどの生活《せいかつ》のようすを調《しら》べて、きょうりゅうの生活《せいかつ》を想像《そうぞう》することはできます。

みなさんもすでにごぞんじのように、日本《にほん》

は虫類《ちゅうるい》の分類《ぶんるい》

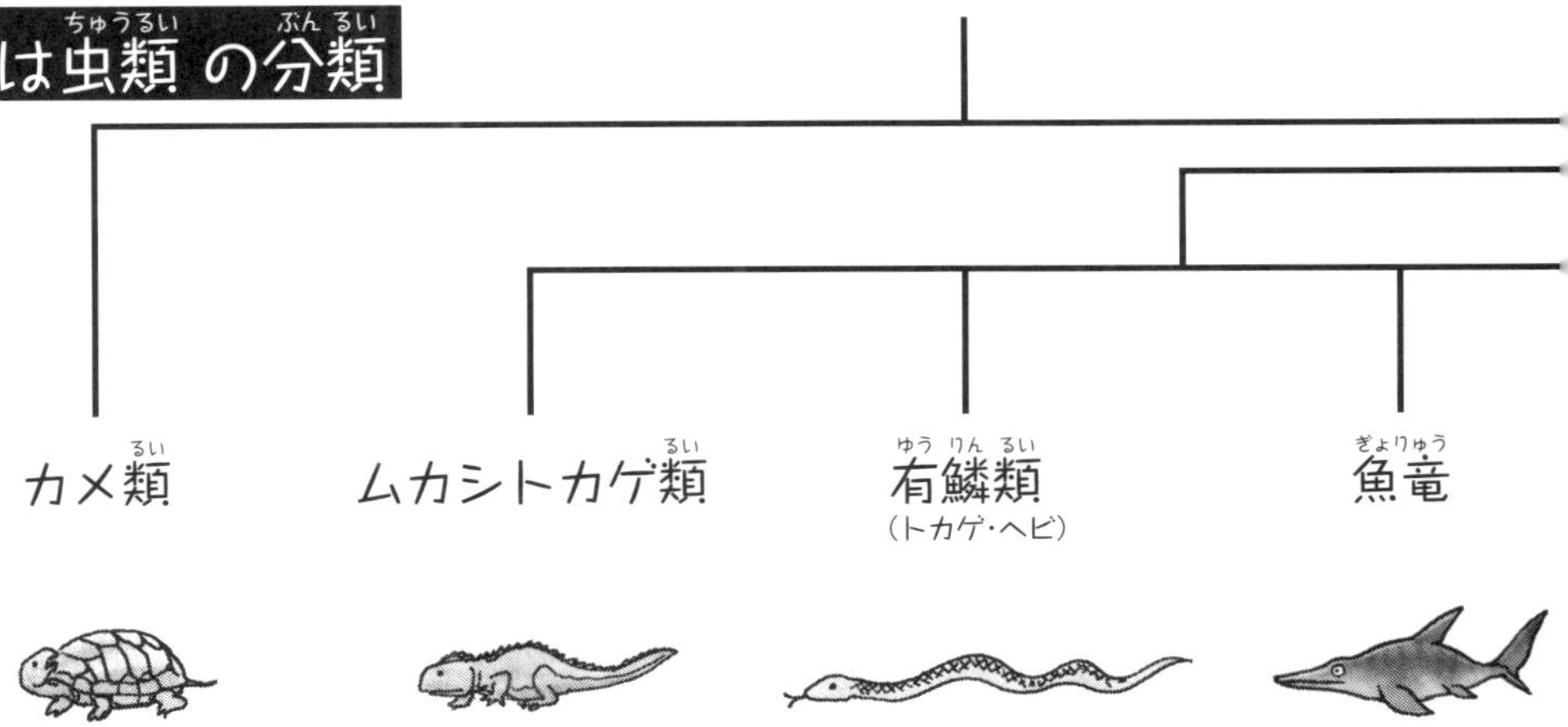

でも、メガロサウルスのなかまやイグアノドンの化石《かせき》が発見《はっけん》されています。福井県勝山市《ふくいけんかつやまし》で発見《はっけん》されたメガロサウルス（カガリュウ）やイグアノドン（フクイサウルス）については、このシリーズ中《ちゅう》の『フクイリュウ』に書《か》きました。

メガロサウルスの化石《かせき》を、日本《にほん》でさいしょに発見《はっけん》したのは、小学《しょうがく》一年生《ねんせい》の少年《しょうねん》でした。一九七九年《ねん》、早田展生《わさだのぶお》くんが、おとうさんと化石採集《かせきさいしゅう》に行《い》き、長《なが》さ七・五センチメートルの歯《は》の化石《かせき》を発見《はっけん》したのです。

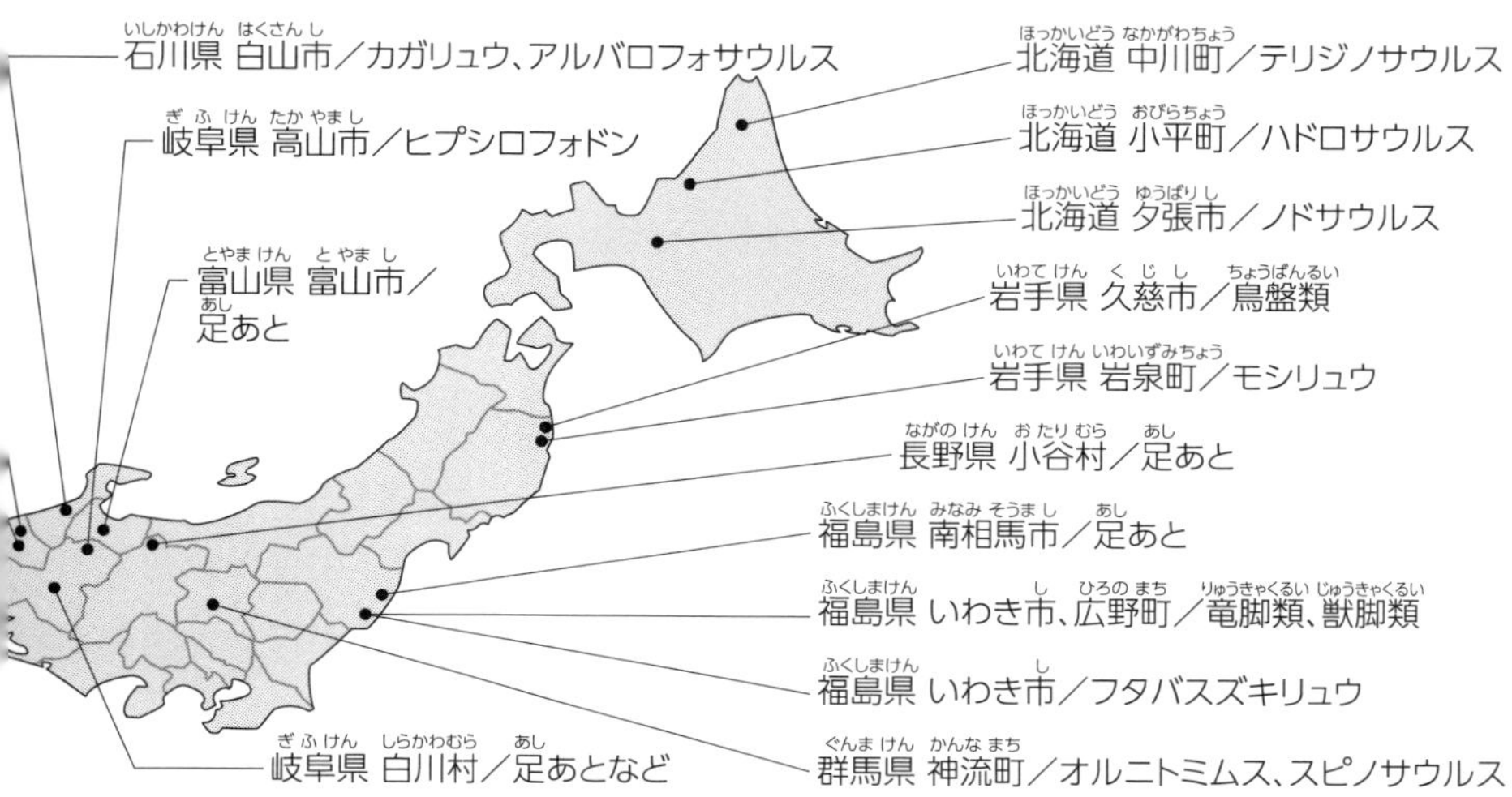

その歯《は》を、きょうりゅう学者《がくしゃ》の長谷川善和《はせがわよしかず》先生《せんせい》が調《しら》べて、メガロサウルス科《か》の下《した》あごの歯《は》のひとつであることがわかりました。

発見《はっけん》された場所《ばしょ》は、熊本県上益城郡御船町《くまもとけんかみましきぐんみふねまち》上梅木《かみうめき》というところです。

早田《わさだ》くんが歯《は》を発見《はっけん》したきょうりゅうは、発見場所《はっけんばしょ》にちなんで、「ミフネリュウ」と名《な》づけられました。

また最近《さいきん》になって、群馬《ぐんま》、福井《ふくい》、兵庫《ひょうご》、長崎《ながさき》など日本《にほん》の各地《かくち》から、大型肉食《おおがたにくしょく》きょうりゅうの化石《かせき》が相《あい》ついで発見《はっけん》されています。

日本《にほん》で見《み》つかったきょうりゅうたち

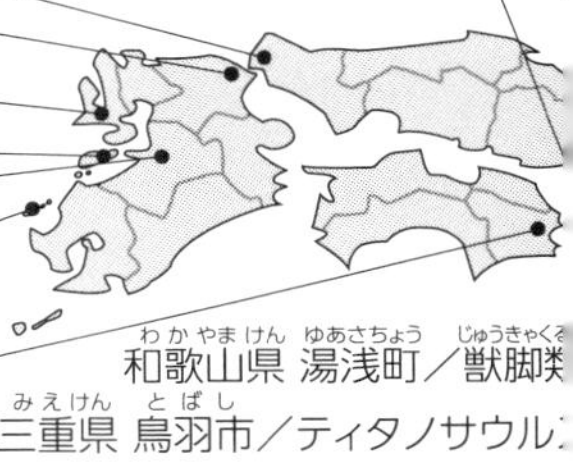

二〇一六年《ねん》に群馬県《ぐんまけん》から、少年《しょうねん》たちがスピノサウルス科《か》の歯《は》の化石《かせき》を発見《はっけん》したというニュースが、とびこんできました。

発見《はっけん》したのは、長野県《ながのけん》小諸市《こもろし》の小学生《しょうがくせい》、金《かな》井《い》大成《たいせい》くん（七歳《さい》）と弟《おとうと》の寛仁《ひろひと》くん（四歳《さい》）兄弟《きょうだい》だというから、びっくりです。

発見場所《はっけんばしょ》は、群馬県神流町《ぐんまけんかんなまち》が実施《じっし》している化石発掘体験場《かせきはっくつたいけんじょう》からと聞《き》いて、二度《ど》びっくり。

そこなら、だれでも参加《さんか》できます。

ひょっとすると……つぎの発見者《はっけんしゃ》は、この本《ほん》を読《よ》んだあなたかもしれませんね。

化石発掘体験場《かせきはっくつたいけんじょう》で子《こ》どもたちの大発見《だいはっけん》が つづいています！

たかしよいち
1928年熊本県生まれ。児童文学作家。壮大なスケールの冒険物語、考古学への心おどる案内の書など多くの作品がある。主な著作に『埋ずもれた日本』(日本児童文学者協会賞)、『竜のいる島』(サンケイ児童図書出版文化賞・国際アンデルセン賞優良作品)、『狩人タロの冒険』などのほか、漫画の原作として「まんが化石動物記」シリーズ、「まんが世界ふしぎ物語」シリーズなどがある。

中山けーしょー
1962年東京都生まれ。本の挿絵やゲームのイラストレーションを手がける。主な作品に、小前亮の「三国志」シリーズ、「逆転！痛快！日本の合戦」シリーズなどがある。現在は、岐阜県在住。

◇本書は、2001年7月に刊行された「まんがなぞとき恐竜大行進9がんばるぞ！メガロサウルス」を、最新情報にもとづき改稿し、新しいイラストレーションによってリニューアルしました。

新版なぞとき恐竜大行進
メガロサウルス 世界で初めて見つかった肉食獣

2016年8月初版
2021年2月第2刷発行
文　たかしよいち
絵　中山けーしょー
発行者　内田克幸
発行所　株式会社理論社
〒101-0062 東京都千代田区神田駿河台 2-5
電話［営業］03-6264-8890［編集］03-6264-8891
URL https://www.rironsha.com
企画 ………… 山村光司
編集・制作 … 大石好文
デザイン …… 新川春男（市川事務所）
組版 ………… アズワン
印刷・製本 … 中央精版印刷
制作協力 …… 小宮山民人

ISBN978-4-652-20152-7 NDC457 A5変型判 21cm 86P

【まちがいさがしの答え】
①右のトンボ②下のトカゲ③いちばん右の恐竜の背びれ④右の恐竜の指の数⑤左の恐竜のしっぽの向き⑥左の恐竜の目の向き⑦雲の大きさ

遠いとおい大昔、およそ１億６千万年にもわたって
たくさんの恐竜たちが生きていた時代——。
かれらはそのころ、なにを食べ、どんなくらしをし、
どのように子を育て、たたかいながら……
長い世紀を生きのびたのでしょう。
恐竜なんでも博士・たかしよういち先生が、
新発見のデータをもとに痛快にえがく

「なぞとき恐竜大行進」シリーズが、

新版になって、ゾクゾク登場!!

新版 なぞとき 恐竜大行進

第Ⅰ期 全5巻

①フクイリュウ　福井で発見された草食竜
②アロサウルス　あばれんぼうの大型肉食獣
③ティラノサウルス　史上最強！恐竜の王者
④マイアサウラ　子育てをした草食竜
⑤マメンチサウルス　中国にいた最大級の草食竜

第Ⅱ期 全5巻

⑥アルゼンチノサウルス　これが超巨大竜だ！
⑦ステゴサウルス　背びれがじまんの剣竜
⑧アパトサウルス　ムチの尾をもつカミナリ竜
⑨メガロサウルス　世界で初めて見つかった肉食獣
⑩パキケファロサウルス　石頭と速い足でたたかえ！

第Ⅲ期 全5巻

⑪アンキロサウルス　よろいをつけた恐竜
⑫パラサウロロフス　なぞのトサカをもつ恐竜
⑬オルニトミムス　ダチョウの足をもつ羽毛恐竜
⑭プテラノドン　空を飛べ！巨大翼竜
⑮フタバスズキリュウ　日本の海にいた首長竜